나비를 그리는 소녀

나비를 그리는 소녀

마리아 메리안의 예술은 어떻게 과학을 바꿨을까?

조이스 시드먼 글
마리아 메리안 그림
이계순 옮김

북레시피

마리아 메리안의 그림을 본 순간, 그녀가 과학과 예술을 결합시킨 방식에 나는 깜짝 놀랐다. 메리안의 삶을 알게 된 다음 나는 그녀의 이야기를 글로 써야겠다고 마음먹었다.

메리안은 재능이 많고 모험심이 강한 사람이었다! 메리안의 열정, 집중력, 용기는 세상에 대한 우리의 관점을 바꾸도록 만들었다. 그리고 마리아 메리안은 내 삶의 영웅이 되었다.

-Joyce Sidman, <한국어판 서문>

차례

나비 용어 사전 6
정원에 있는 소녀 8

1장: 알 11
2장: 부화 17
3장: 제1령 23
4장: 제2령 30
5장: 제3령 38
6장: 제4령 44
7장: 탈피 51
8장: 번데기 65
9장: 우화 71
10장: 확장 84
11장: 비행 94
12장: 알 113

과학과 예술을 조화시킨 선구적 여성 박물학자 126
작자 노트 132
연대표 134
자료 출처 139
참고 자료 143
감사의 말 144
옮긴이의 말 146
삽화 및 사진 출처 148
찾아보기 151

나비 용어 사전

책에 실린 곤충 단어 요약

성충 나비와 나방의 마지막 성장 단계로 날개가 달려 있다. 독일에서 마리아가 살았던 시대에는 나비의 성충을 '여름새'라고 불렀다.

애벌레 나비나 나방이 새끼벌레의 상태로 있는 단계.

외피 나비나 나방의 번데기를 보호하는 딱딱한 바깥층.

고치 (다른 곤충 일부와) 나방의 애벌레는 번데기 단계에 있을 때, 자기 몸을 보호하기 위해 주변을 어떤 막으로 덮는데 그 막을 고치라고 한다. 주로 자신이 뽑아낸 비단실로 만든다.

우화 나비나 나방의 날개 달린 성충이 딱딱한 외피에서 나오는 것.

알 곤충이나 다른 동물들이 낳은 작고 둥근 생식체. 마리아는 이따금 곤충의 알을 '씨앗'이라고도 불렀다.

령 애벌레가 허물을 벗을 때, 즉 탈피를 할 때 그 탈피와 그다음 탈피 사이의 성장 기간.

새끼벌레 나비나 나방의 알에서 부화한, 다 자라지 못한 벌레의 형태로 애벌레와 같다. 새끼벌레는 령을 여러 번 거치면서 성장하고, 다 자라면 번데기로 변하는데 거기서 성충이 나온다.

변태 곤충이 성충으로 되면서 일어나는 형태나 구조의 주요한 변화들. 나비나 나방처럼 완전 변태를 겪는 경우에는 알, 새끼벌레, 번데기, 성충의 단계가 일어난다. (다른 곤충들에서 주로 일어나는) 불완전 변태는 알, 유충, 성충의 단계가 일어난다.

탈피 너무 낡고 작아진 허물을 벗는 것.

유충 불완전 변태를 겪는 곤충의 미성숙한 형태를 부르는 과학적인 이름. 유충은 종종 성충보다 크기만 작거나 성충이 약간 덜 발달된 것처럼 보이기도 한다.

기생 어떤 생물(기생물)이 다른 생물(숙주)의 몸 안에 들어가거나 그것과 같이 살면서 영양소나 피난처를 얻는 관계. 이따금 그 과정에서 숙주에 해를 끼치기도 한다.

번데기 완전 변태를 겪는 곤충에서 새끼벌레와 성충 사이의 발달 단계를 부르는 과학적인 이름. 마리아는 어떤 번데기들을 보며 '시간의 무덤'이라고 불렀는데, 마리아에겐 그것이 그렇게 보였기 때문이다. '외피'라고도 불렀다.

정원에 있는 소녀

한 소녀가 정원에 무릎을 꿇고 있었다. 1660년, 그 아이는 이제 막 열세 살이 되었다. 흙바닥에 무릎을 꿇고 쪼그려 앉아 있는 아이를 보며 엄마는 정숙한 독일 소녀로서 이미 어리지 않은 나이라고 생각했다. 소녀는 며칠 전 어느 쌀쌀한 봄날에 발견했던 것을 다시 찾고 있었다. 에메랄드 덤불을 그렇게 구석구석 헤치다가, 벌레가 꼬물꼬물 기어가며 물어뜯어서 생긴 물결 모양의 잎사귀와 깨알처럼 작은 알 같은 다른 중요한 단서들을 발견했다.

아! 소녀는 마침내 그것을 찾았다. 선원의 해먹처럼, 나뭇가지에 고정된 주름진 갈색 고치가 눈에 들어왔다. 아이는 고치의 쪼글쪼글한 겉면을 살폈다. 그새 달라진 게 있나? 안에서 어떤 생명의 흔적이 보이나? 아니야, 아직은 없어.

소녀는 그 생명체에 사로잡혔지만 이웃들은 그것을 하찮게 여기고 싫어했다. 날아다니고 기어 다니는 건 전부 해롭다고 생각했다. 그런 것들은 생겨날 때부터 더럽고 천하다고 여겼다. 그래서 나뭇가지를 감싸고 있는 고치를 발견하면, 사람들은 그것을 떼어내서 안에 있는 '해충'을 발로 짓밟았다. 그것이 자라서 무엇이 될지는 생각하지도 않았다.

하지만 소녀는 몇 년 동안 꽃을 꺾어서 양아버지의 화실에 가져가, 양아버지가 정물화를 그릴 수 있도록 꽃을 잘 배치해두었다. 그러고는 꽃잎에 붙어 있는 그 생명체들을 관찰했다. 애벌레의 말랑말랑한 초록색 몸뚱이, 딱정벌레의 반들반들한 등껍질, 나방의 우아한 날개. 아이는 그 생명체들을 가까이에서 들여다보며 스케치를 하고 물감으로 색칠을 했다. 화가에게 필요한 기술을 배우면서 뭔

가를 찾고 지켜보고 스스로 생각하는 법을 익혔다.

한번 상상해보자. 소녀는 단지 여자라는 이유로, 학자나 위대한 화가가 되기 위한 어떤 교육도 받을 수 없었다. 게다가 이웃 마을에서는 '해충'에 많은 관심을 가졌던 사람이 단지 그 이유로 마녀로 몰려 교수형을 당했다.

그런데도 그 여자아이는 이 작고 신기한 생명체들을 그렸다. '여름새'는, 다시 말해 나비는 땅에서 기어 나오는 거라고 말하는 주변 사람들의 이야기도 믿지 않았다. 아이는 나비와 애벌레, 그리고 바로 눈앞에 보이는 저 쪼글쪼글한 갈색 고치 사이에 어떤 연관성이 있다고 생각했다. 그래서 그것을 밝히기로 마음먹었다.

이것은 그 소녀의 이야기다.

Europe
1650
North
NE
East
SE
South
SW
West
NW
North Sea
Atlantic Ocean
Bay of Biscay
Baltic Sea
Adriatic Sea
Mediterranean Sea
Kingdom of Sweden
Kingdom of Norway
Tsardom of Russia
Kingdom of Scotland
Kingdom of Denmark
Grand Duchy of Lithuania
Kingdom of England
Dutch Netherlands
Wieuwerd
Amsterdam
Frankfurt
Nuremberg
The German States
Kingdom of Poland
Kingdom of France
Kingdom of Bohemia
Ottoman Empire
Kingdom of Aragon
Kingdom of Castile
Kingdom of Naples
Africa

조용히, 조금씩
작고 동글동글한 몸집이
부풀어 올랐다.
나도 아직은 모른다.
내게 어떤 비밀이 있는지,
어떤 놀라운 일이
나를 기다리고 있는지.

나비의 알

1장: 알

1647년 4월 2일, 독일 프랑크푸르트

어느 눈부신 봄날, 마리아 지빌라 메리안은 인쇄와 판화를 업으로 삼은 집안에서 태어났다. 마리아의 아빠, 마테우스 메리안은 첫 번째 결혼에서 얻은 마리아의 이복 형제자매들을 직원으로 고용해 프랑크푸르트에서 번창하는 인쇄소를 운영했다. 그리고 마리아의 엄마 요한나는 크고 작은 집안일들을 도맡아 했다.

1600년대의 가족 사업장에서는 가족이 모두 바쁘게 움직이고, 작업장은 언제나 활기가 넘쳤다. 마리아 아빠의 작업장에는 앞으로 찍을 잉크와 곱게 갈린 안료, 반질반질 윤을 낸 동판, 그리고 인쇄하기 전 물에 적셔놓은 종이 한 더미와 시험 삼아 찍어본 인쇄물들이 있었다.

동판화가들의 작업장

요하네스 스트라다누스의 뒤를 이어, 테오도르 갈레가 판화로 제작, 1670년경(아래 그림은 모사본임).

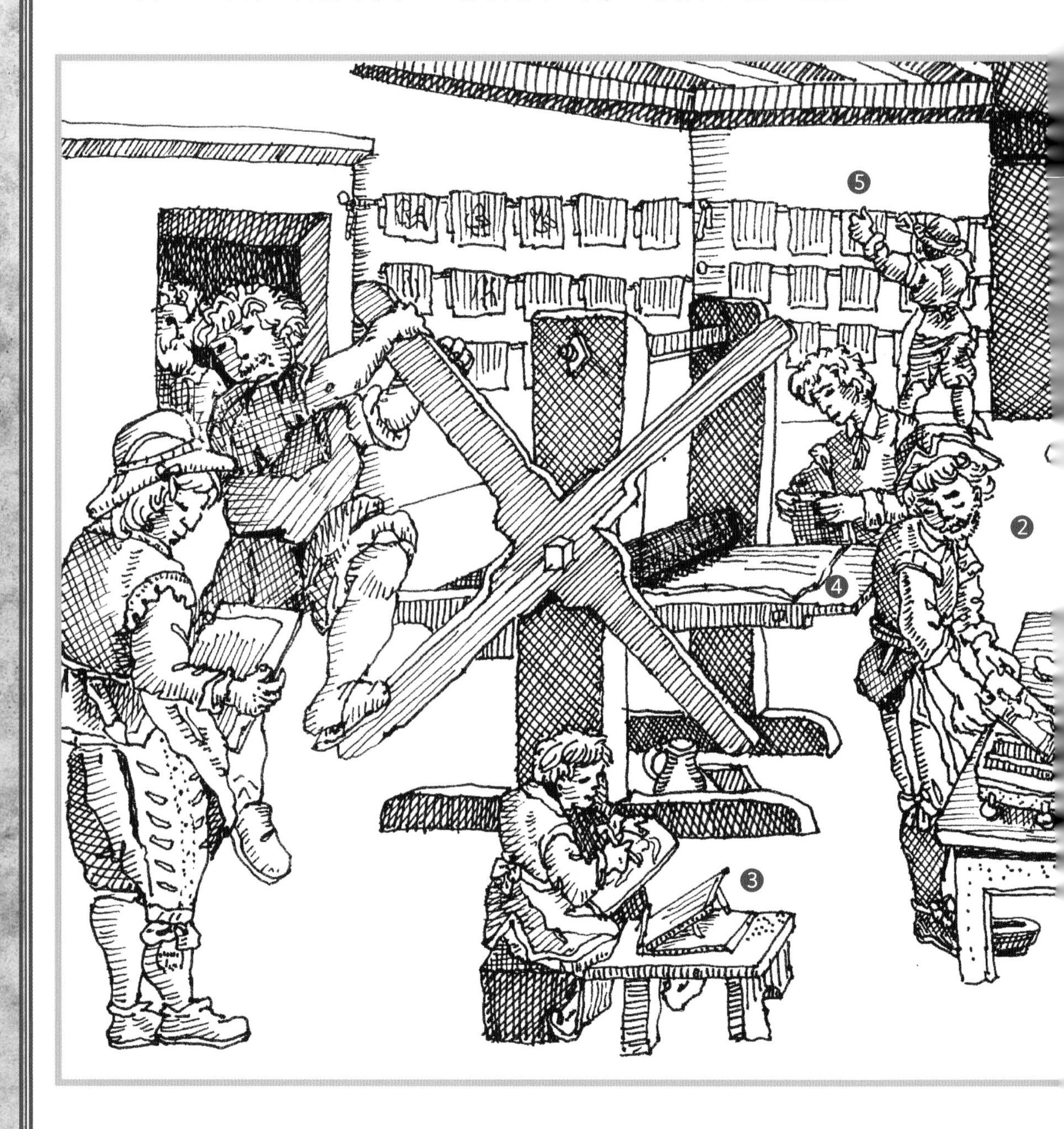

숙련된 동판화 작업자들이 한 팀을 이뤄 책에 들어갈 삽화와 지도를 만들고 있는 그림이다. 마테우스의 작업장도 이와 비슷했을 것이다.

1. 숙달된 조각가가 '뷔랑'이라는 조각용 칼로 윤이 나는 동판에 도안을 능숙하게 새기고 있다.

2. (일을 배우면서 익히는) 견습생이 숯을 올린 화로에다 조각한 동판을 달구고 있다. 그 동판 위에 잉크를 칠한 뒤 그것을 다시 닦아내면 조각한 선 안에만 잉크가 남는다.

3. 또 다른 견습생이 동판에 옮겨 그릴 지도를 그리고 있다.

4. 인쇄공 보조가 동판의 잉크 칠한 면을 위로 보이게 해서 커다란 압축 기계에 올려놓는다. 그런 다음 그 위에 축축한 종이를 덮고, 동판과 기계의 손상을 막기 위해서 그 위에 두툼한 천을 두 장 더 올려놓는다. 그렇게 '샌드위치'처럼 차곡차곡 쌓인 걸 압축 기계 안으로 밀어 넣으면, 동판의 얇은 홈으로 종이가 눌리면서 그 안의 잉크를 빨아들인다.

5. 인쇄물을 기계에서 잘 떼어낸 뒤 벽에 걸어두고 말린다.

인쇄소는 언제나 손님들로 북적였다. 그곳에선 늘 새로운 아이디어가 샘솟았다. 탐험가와 자연 철학자, 자유사상가들이 마리아 아빠의 인쇄소를 끊임없이 드나들었다. 1647년, 세계는 변화하면서 팽창하고 있었다. 유럽을 폐허로 만든 '삼십 년 전쟁'도 마침내 끝나가면서, 지적인 생활을 누리려는 사람들이 늘어났다. 인쇄소에 오는 손님들은 멀리 떨어진 신세계에서, 즉 거의 알려지지 않은 아메리카 대륙에서 자신들이 겪은 모험이나 신기한 발견을 책으로 만들어내는 데 열심이었다. 그들은 책 속에 유럽인과 생각이나 관습이 완전히 다른 '야만인들'의 모습을 담았고, 또 그 속에서 신비한 능력이 있는 식물

「강에서 금을 캐는 원주민들」, 테오도르 드 브리, 『위대한 항해』에서, 1591년.
마테우스 메리안이 출판한 "신세계"의 그림들 중 하나.

과 유럽의 그 어떤 것보다 더 크고 사나운, 아주 기상천외한 동물들에 관해 이야기했다.

정신없이 바쁘게 돌아가는 인쇄소는 호기심 많은 여자아이에게 아주 딱 맞는 장소였다. 마리아는 그곳을 유심히 지켜봤다. 마리아 아빠와 견습생들은 동판에 지도나 삽화를 새겼다. 그런 다음 동판에 잉크를 묻히고 그것을 삐걱대는 압축 기계에 올린 뒤, 크림색의 두꺼운 종이에 찍어냈다. 매일같이, 그들은 새롭고 신비로운 발견들을 책으로 옮겼다. 매일같이, 새로운 생각과 그림들이 나무와 철로 만들어진 압축 기계에서 새처럼 날아들었다. 금으로 가득한 강, 날개 달린 물고기, 코끼리만큼 큰 악어가 마리아에

「날개 달린 바닷물고기」, 테오도르 드 브리, 『위대한 항해』에서, 1594년.
훗날 마테우스 메리안이 프랑크푸르트에서 출판.

「플로리다에서 악어를 죽이는 인디언들」, 테오도르 드 브리, 『위대한 항해』에서, 1591년.
마테우스 메리안이 이 유명한 책을 시리즈로 출판했다.

게 훨훨 날아왔다.

벽에 걸어두고서 말리고 있는, 막 인쇄되어 나온 그림들을 보며 마리아는 무슨 생각을 했을까? 당시에는 아이들을 위한 그림책이 없었다. 그리고 그 뒤로도 수백 년 동안 없을 것이다. 마리아의 상상력은 다른 나라의 낯선 그 그림들 덕분에 더 풍부해진 건 아닐까?

이렇게 좁은 곳에 있었다니……

나는 이것을 야금야금

갉아먹어야 해.

천천히, 천천히.

푸른 잎사귀와 인사하며,

파란 하늘과도 인사하며.

알에서 부화한 애벌레

2장: 부화

1650년, 독일 프랑크푸르트

마리아가 재능 있는 아빠에게서 많은 것을 배우기도 전에, 아빠 마테우스는 건강을 위해 온천을 찾아가 치료받던 중 사망했다. 이로 인해 나이 어린 아내 요한나와 세 살배기 마리아는 위태로운 처지에 놓이게 되었다. 과부라 해도 때로는 남편의 사업을 물려받아 운영할 수 있었다. 하지만 마테우스가 첫 번째 결혼에서 얻은 아들들이 이미 다 장성했고, 그들은 재빨리 그 가업을 이어받았다. 요한나는 더 이상 메리안 집안에 있을 수 없었다.

일 년도 안 되어, 요한나는 야콥 마렐과 결혼했다. 마렐은 꽃을 전문으로 그리는 화가였는데, 당시 유럽에선 그런 그림이 인기였다. 특히 종류가 수백 가지나 되는 튤립은 인기가 더 많았다. 마렐을 포함해 당시 화가들은 역사나 종교를 주제로 한 그림을 웬만해선 그리지 않고, 대신 집에서 흔히 볼 수 있는 물건들, 즉 꽃이나 음식, 도자기 같은 물건들을 주로 그렸다. 그런 그림을 그려달라는 사람들이 점점 늘어났기 때문이다. 이렇게 등장한 새로운 스타일의 그림을 '정물화'라고 불렀다.

「탁자 가장자리에 놓인 꽃」, 야콥 마렐, 1645년. 정물화의 인기는 당시 유럽에서 개인 소유와 가정에 대한 중요성이 점점 커졌다는 것을 보여준다.

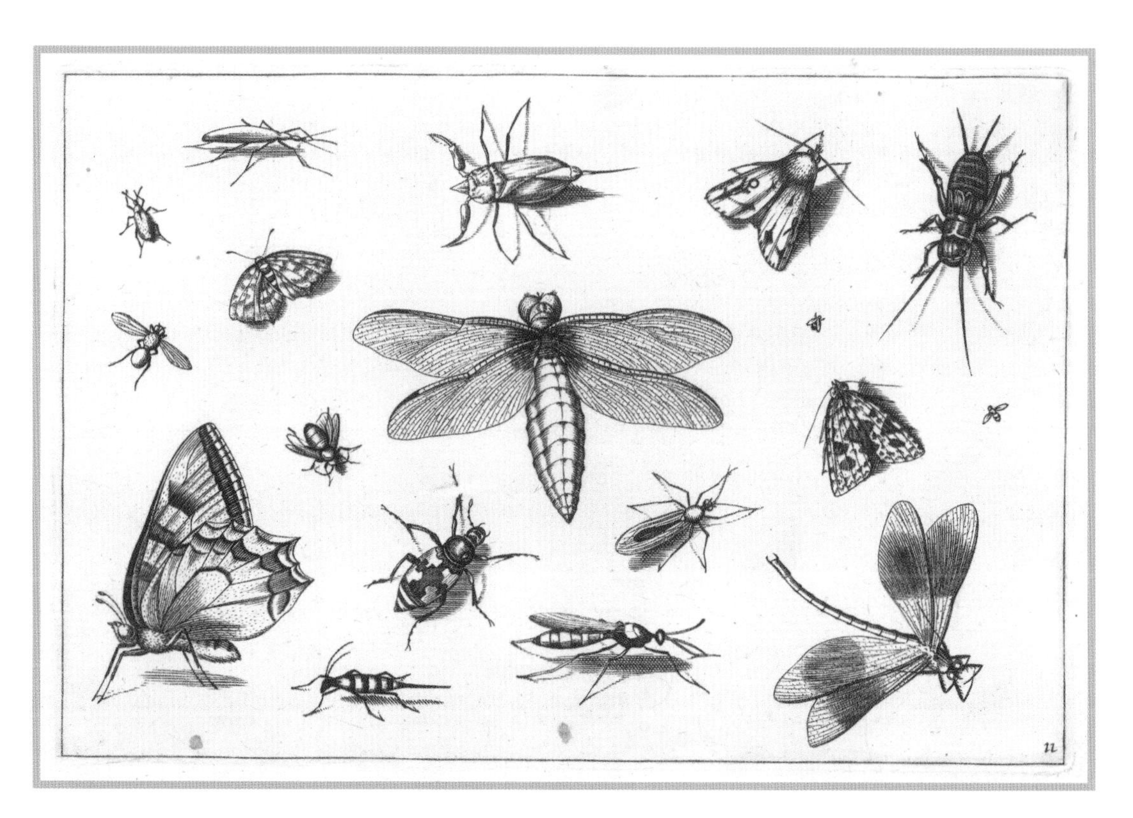

플랑드르 화가, 야콥 호프나겔의 저서 『다양한 곤충』(1630년)에 실린 판화. 이 책은 예술가들의 참고 자료로 널리 쓰였다. 여기 실린 곤충들은 아름답게 묘사되어 있지만, 그 크기에 비례해서 그려지지는 않았다. 그리고 호프나겔은 이 곤충들이 어떻게 생겨나는지 전혀 알지 못했다.

마리아는 자신을 둘러싸고 온 집안이 계속 성장하는 동식물로 가득하다는 걸 곧 깨달았다. 마당에는 장미와 모란이 꽃을 피우고, 화실의 꽃병에는 튤립과 백합이 우아하게 늘어져 있었다. 마리아는 꽃의 향기를 맡고 그 모양과 색을 관찰하며 시간을 보냈다. 꿈틀꿈틀 꽃잎을 기어 다니는 작은 곤충과 꽃에서 꽃으로 날아다니는 꿀벌이나 말벌, 딱정벌레를 관찰했다.

마리아의 양아버지는 꽃을 그릴 때 곤충도 중요한 모델로 삼았다. 그래서 마리아를 밖으로 내보내 곤충을 잡아오라고 했다. 그림에 곤충이 있으면 훨씬 더 생기가 도는 것 같았기 때문이다.

바츨라프 홀라르의 목판화, 1654년경(위의 그림은 모사본임).
죽은 황소에서 꿀벌이 자연적으로 생겨나고 있다. 옛날 사람들은 '자연발생설'을 믿었고,
이런 생각은 1700년대 초반까지 이어졌다.

아리스토텔레스(기원전 384-322년)의 동상. 고대 그리스 철학자인 아리스토텔레스는 생명의 기원에 대해 책을 썼다. 그리고 그 책은 거의 2,000년 동안이나 서양 사람들의 생각에 영향을 주었다.

마리아는 곤충을 보며 곰곰이 생각에 잠겼다. 곤충이 어떻게 생겨나는지 마리아에게 알려줄 수 있는 사람은 아무도 없었다. 송아지는 암소에서 나오고 새는 알에서 부화하는데, 그럼 곤충은? 어떤 사람들은 곤충이 오래된 것에서 나온다고 말했다. 파리는 묵은 고기에서 나오고, 나방은 낡은 양털에서 나온다고 말이다. 어떤 사람들은 풀잎에 맺힌 이슬이 햇빛에 쪼그라들어서 곤충의 알로 되고, 그 안에서 구더기가 부화되어 나온다고 믿었다. 또 어떤 사람들은 공기중으로 튀 불꽃이 독침으로 무장한 말벌로 된다고 생각했다. 따뜻한 봄날에 나비가 팔랑팔랑 날아다니면 사람들은 그것을 '여름새'라 불렀고, 나비는 그냥 어딘가에서 날아온 거라고 생각했다.

사실, 당시 사람들은 대부분 '자연발생설'을 믿었다. 그 이론은 기원전 330년에 고대 그리스의 철학자 아리스토텔레스가 주장한 것으로, 마리아가 살았던 시대로부터 거의 2,000년 전에 나온 이론이었다. 아리스토텔레스는 곤충이 곤충에서 나오는 것이 아니라

이슬이나 똥, 동물 사체, 아니면 진흙 같은 곳에서 나오는 거라고 주장했다.

당시 독일에서는 기어 다니는 건 '벌레', 날아다니는 건 '새'라고 불렀다. 곤충의 변화 단계들을 서로 연결해서 생각해본 사람은 거의 없었다. 그리고 그것들이 어떻게 자연의 질서에 조응하는지 알고 있는 사람은 더욱이 없었다. 곤충은 그저 완전히 다른 어떤 동물의 초기 형태였던 걸까? 나비는 자라서 마침내 새로 변하고, 딱정벌레는 개구리로 바뀌는 걸까? 당시엔 학자들조차도 곤충을 신이 제대로 만들지 못한, 뒤떨어진 생명체라고 여겼다. 어떤 면에서는 유해하거나 불길한 존재라고도 생각했다. 성경에 이런 구절이 있다. "기어 다니고 날아다니는 것들은 전부 혐오스러운 것들이다. ……너희 몸이 이런 것들에 닿아서 더러워지거나 부정하게 되어서는 안 된다."

사람들은 대부분 곤충이 어떻게 생겨나는지에 별 관심 없었다. 파리는 그저 사람들을 귀찮게 괴롭히고, 애벌레는 귀중한 농작물을 우적우적 먹어 치우는 존재였다. 곤충은 해로운 동물이자 인간의 적이며, 악마의 짐승일 뿐이었다.

하지만 마리아는 곤충을 지켜보며 무척 궁금하게 여겼다.

"어렸을 적부터 나는 곤충을 조사하고 관찰하는 데 푹 빠져 있었다."

마리아 메리안

안전한

이 밑에서,

탐험을 시작했다.

주변은 온통

초록으로 빛나고 있었다.

나는 이것들을

얼마나 먹게 될까?

애벌레의 제1령
(탈피와 탈피 사이의 기간) 단계

3장: 제1령

1655년, 독일 프랑크푸르트

예술은 즐거움인 동시에 사업이기도 했다. 엄마는 마리아에게 집안일을 가르치면서 바느질과 수놓는 법도 가르쳤다. 옷을 전부 손으로 만들어 입던 그때에는 이런 기술이 무척 중요했다. 마리아의 양아버지, 야콥 마렐은 마리아를 자신의 화실에서 일하게 했다. 마리아는 양아버지와 그곳의 견습생들을 위해서 꽃을 예쁘게 꽂아주고 미술 재료들을 준비해줬다. 당시 화실에서는 필요한 미술 재료들을 각자 만들어 썼다. 그래서 마리아는 털이나 깃털로 어떻게 섬세한 붓을 만드는지, 그리고 광물을 곱게 갈아서 어떻게 물감으로 만드는지 배웠다.

마렐은 마리아에게 그림 그리는 법을 가르쳤다. 마리아는 금세 그림 그리는 재미에 푹 빠졌다. 처음에는 유려한 곡선의 꽃잎이나 빙글빙글 돌아가는 달팽이집처럼, 다른 화가들의 작품 일부를 따라 그렸다. 그다음에는 그림 전체에다 일정한 간격으로 가로세로 선을 연하게 그은 뒤, 그 그림을 다른 종이에다 똑같이 옮겨 그렸다. 마침내 마리아는 자신만의 그림을 자유롭게 그려보았다. 향기로운 꽃들을 들여다보며 그 부드러운 꽃잎을 붓으로 재현하려 했고, 양아버지의 그림을 참고 삼아 명암도 다양하게 넣어보았다. 그리고 마지막으로, 마리아의 삶에 버팀목이 되는 작은 애벌레와 '여름새'를 그리기 시작했다.

마리아가 살았던 시대에 가장 좋은 파란색 안료는 준보석 급인 '라피스 라줄리'였다.
그래서 이 안료로 만든 물감은 선명하고 아름다운 파란색을 내지만 값이 아주 비쌌다.

마리아의 초창기 스케치라고 확인된 작품은 아직 없지만, 1669년의 이 펜스케치화는 흔히 마리아의 것으로 여겨진다. 희미하게 남아 있는 가로세로 선들을 주의해서 보자(위의 그림은 원작의 모사본임). 이건 마리아가 유명 화가의 그림을 따라 그리기 위해서 그은 선이다. 이렇게 하면 그림에 있는 대상을 종이에 적절히 배치할 수 있을 뿐만 아니라, 그 대상의 비율도 정확하게 표현할 수 있다.

"풍경화가들이 그러는 것처럼, 나는 언제나 내 꽃 그림에 애벌레나 여름새,
작은 동물들을 넣어서 꾸미려 했다. 그렇게 하면 그림에 활기가 넘쳤다."

마리아 메리안

마리아는 양아버지의 그림들을 베끼면서 그림 그리는 법을 배웠다. 이 그림은 꽃 상인들이 새로 재배한 품종을 알리고 판매하기 위해서 만든 홍보책자다.

마리아는 점점 더 그림을 능숙하게 그렸고, 화실에서 판매용으로 그리는 수채화와 판화 제작을 돕기 시작했다. 마렐은 마리아의 열정과 손재주를 알아보았다. 그리고 마리아가 여자애이기 때문에, 공식적으로 화실의 견습생이 될 수도 없고 자신의 사업을 물려받을 수도 없다는 걸 잘 알고 있었다. 마리아는 다른 나라의 화실들을 돌아다니면서 견문을 넓힐 수도 없었다. 심지어 유화로 그리는 법을 터득해서도 안 되고, 인물이나 도시 경치를 그려서도 안 되었다. 당시 관습에 따르면, 그런 것들은 전부 남자들만 할 수 있었다.

하지만 마리아는 마렐의 견습생들 중에서 실력이 가장 뛰어났다. 마렐은 돈을 벌기 위해서 마리아에게 꽃 그리는 법을 전부 가르쳤다.

여성: 노동의 가치를 제대로 인정받지 못한 영웅들

17세기 유럽에서 예술은 큰 사업이었다. 예술가들은 부유한 집에 활기를 불어넣어주기 위해 아름다운 작품을 만들었지만, 그들은 장인이기도 했다. 사진이 없던 시절, 예술가들은 작업장에서 도시의 지도, 중요한 사건을 기록한 삽화, 판매용 물건을 자세히 적은 홍보책자 등을 만들었다. 참고로, 사진은 그때로부터 200년 후에나 발명된다. 마리아의 양아버지, 야콥 마렐은 튤립 홍보책자를 예쁘게 잘 만들기로 소문이 자자했다.

마리아의 의붓언니, 사라 마렐의 초상화. 당시 열네 살로, 견습생이던 요한 그라프가 1658년에 그렸다. 사라는 레이스가 달린 모자를 쓰고 앞치마를 두른 뒤, 판매용 자수를 놓고 있다. 마리아도 이와 비슷한 일을 하며 많은 시간을 보냈다.

장인들은 그들의 거래 관습을 관리하기 위해서 '길드'라는 단체를 만들어 서로 단결했다. 그리고 비슷한 기술의 장인들끼리, 예를 들어 천을 짜거나, 빵을 굽거나, 철제품을 다루거나, 건축을 하는 장인들끼리 모여서 자신들만의 길드를 만들었다. 예술가 길드는 나이 어린 초보 견습생부터 다른 나라들을 돌며 견문을 넓히는 젊은 장인, 그리고 화실을 운영하는 나이 많은 명인까지 예술가들이 질서 있게 훈련하는 데 도움을 주었다.

여자는 길드에 가입하는 것이 허용되지 않았다. 여자를 독립적인 일꾼으로 보지 않고, 그저 남편이나 아버지를 돕는 협력자 정도로만 여긴 것이다. 당시 독일에서는 여성들이 신체적으로나 정신적으로나 집 밖에서 책임 있는 일을 맡아 할 수 있는 능력이 없다고 여겨졌다. 그래서 공식적으로 직업 훈련을 받거나 사업을 운영할 수 없고, 돈을 많이 버는 유화나 풍경화 같은 그림을 그릴 수도 없었다. 여자의 사회적 가치는 아내나 엄마로서의 역할에만 있었던 것이다.

하지만 실제로, 성인 여성과 마리아 같은 어린 여자아이들은 집안일뿐만 아니라 가업에서 요구하는 많은 일들을 종종 배우고 해냈다. 그들은 남성 장인들과 똑같은 실력을 갖추고서 아주 열심히 일했고, 가정의 소득을 높이는 데도 크게 한몫했다. 비록 그 공로를 제대로 인정받지는 못했지만, 여자들은 바쁜 작업장에서 진정한 영웅이었다.

세상은 온통 초록,
언제나 쑥쑥 자라는 초록.
나는 먹고 또 먹었다,
싱싱한 잎사귀를.
세상은 점점 줄어들고,
나는 점점 커졌다.

애벌레의 제2령 단계

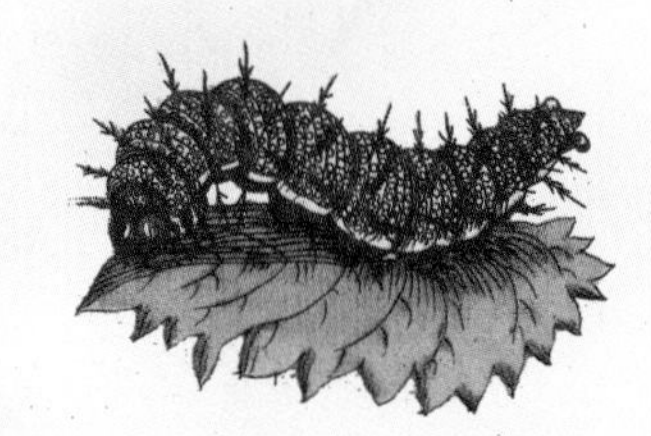

4장: 제2령

1660년, 독일 프랑크푸르트

마리아는 그림 그리기를 무척 좋아했지만 곤충에도 마음이 끌렸다.

그래서 바깥을 서성이며 애벌레를 잡았다. 어떤 건 밀알만큼 아주 작으면서 온몸에 솜털이 수북이 나 있었고, 어떤 건 마리아 손가락만큼 통통한데 반들반들 털이 없고 회색빛이 났다. 기이하게 꺾인 채 휘어져 있는 것도 있었다. 또 어떤 건 나뭇가지에 매달려 허공에 떠 있었는데, 작은 갈고리처럼 생긴 그것은 단단하게 굳어서 움직이지 않고 가만히 있었다. 몇 주가 지나자 그 갈고리는 텅텅 빈 채로 허공에 매달려 있었다. 저 안에서 편안히 쉬고 있던 생명체는 어디로 간 거지? 지금은 어떻게 생겼을까? 마리아는 궁금해서 몸이 달 지경이었다. 아무래도 애벌레와 고치, '여름새'는 서로 연결된 것 같은데? 마리아는 곤충과 관련된 다양한 이론들을 읽었지만, 이제는 스스로 알아내야 했다.

그러자면 한 가지 방법밖에 없었다. 자신이 직접 애벌레를 키우면서 끈기 있게 기다리며, 그것이 어떻게 되는지 보는 거였다. 마리아는 애벌레의 변화를 관찰하고, 그것을 전부 그림과 글로 기록했다.

마리아가 열세 살이 되던 그해 봄, 야콥 마렐은 화실 문을 닫았다. 그리고 견문을 넓히고 사업을 확장시키기 위해 견습생 둘을 데리고 여행을 떠났다. 화실 일이 없어진 마리아는 나무 상자와 유리병을 모아 그 위에 얇은 천을 씌웠다. 그리고 사람들이 잘 다니지 않는 한쪽 구석에 작업 공간을 마련했다.

마리아는 어느 누구도 경멸하지 않는 '벌레', 바로 누에부터 시작했다. 누에는 당시에 그 변태가 잘 알려진 유일한 애벌레였다. 사람들은 누에를 아주 신비한 생명체로 여기고, 일반적인 곤충과는 완전히 다르다고 생각했다. 누에가 스스로 고치를 지으면서 만들어낸 질기고 반들반들한 실은 가치가 매우 높았다. 그 실을 풀어서 비단을 짜는 데 사용할 수 있었기

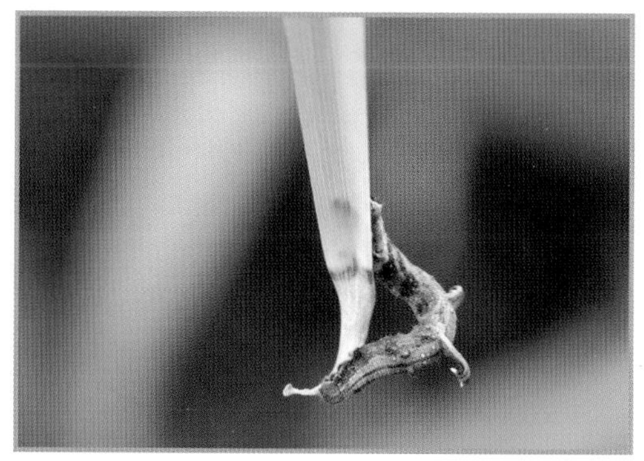

누에(학명은 Bombyx mori) 한 마리가 뽕잎에 자리를 잡고 있다. 뽕잎은 누에가 제일 좋아하는 먹이다.

때문이다. 이 과정은 기원전 4,000년경 중국에서 처음으로 발견하고 수천 년 동안 비밀에 부쳤다. 하지만 마리아가 살았던 당시에는 유럽에서도 고치를 얻기 위해 누에를 많이 길렀다. 그리고 고치에서 실을 풀어 실패에 감았는데, 고치 중 일부는 실을 풀지 않고 그대로 둬서 하얀색 누에나방이 부화하도록 했다. 그 누에나방은 알을 낳았고, 그 알은 앞의 과정을 또다시 되풀이했다. 마리아는 이러한 변화 과정을 익히 들어서 알고 있었지만 그것을 직접 보고 싶었다.

그런 면에서 누에는 처음 시작으로 아주 적당한 애벌레였다. 이처럼 유용한 생명체를 관찰하는데, 과연 누가 마리아를 비난하겠는가.

마리아는 최근 부화한 누에 몇 마리를 얻어 와서 상추를 열심히 먹였다. 누에가 제일 좋아하는 뽕잎은 아직 제철이 아니었기 때문이다. 누에는 놀라울 정도로 빨리 자랐다. 너무 빨리 자라서 피부가 며칠에 한 번씩 갈라지더니 누에는 꿈틀거리며 그 허물을 벗고 나왔다. 마리아는 이 모습을 보며, "사람이 머리 위로 셔츠를 벗는 것 같다"고 적었다. 마리아는 누에의 움직임과 변화를 글과 그림으로 빠짐없이 기록했다.

"거의 모든 사람들이 누에를 잘 알고 있었고, 누에는 벌레와 애벌레 중에서 제일 유용하고 고귀했다. 그래서 나는 여기에다 그것의 변화를 기록했다."

마리아 메리안

사진이 발명되기 전의 과학

오늘날의 과학자와 예술가들은 디지털 사진을 이용해 자신들이 발견한 것을 즉시 기록하고 그것을 다른 사람들과 공유할 수 있다. 하지만 사진이 발명되기 거의 200년 전인 마리아의 시대에는, 연구한 것을 기록으로 남기는 일이 무척 힘들었다. 훌륭한 박물학자는 과학적 사고방식 이상의 것이 필요했고, 마리아는 예술적 기술이 필요했다.

물론 박물학자는 생물을 잡아서 표본으로 만들어 보존하고, 그들끼리 정보를 공유하며 연구할 수 있었다. 하지만 발견한 것을 좀 더 많은 사람들과 공유하려면, 그러니까 예를 들어 책을 쓰려면 그것을 스케치하거나 그림으로 그려야 했다. 아니면 그렇게 할 수 있는 사람을 고용해야 했다. 마리아가 그랬던 것처럼, 어떤 생명체의 움직임이나 습성, 발달 단계를 기록했다는 건 그 생명체를 오랫동안 지켜보며 직접 그렸음을 의미한다. 그리고 어떤 일이 일어났을 때, 그것을 재빨리 스케치할 수 있는 능력이 있었음을 의미하기도 한다.

그 시대에는 검색할 수 있는 온라인 데이터베이스도, 공공 도서관에서 빌릴 수 있는 도감도 없었다. 곤충 연구를 시작했을 때, 마리아는 희귀한 곤충 책을 찾아볼 수 있는 서점을 자신의 '데이터베이스'로 삼았다. 그리고 마리아 양아버지의 그림처럼, 곤충을 정확하게 묘사한 화실의 그림들도 참고했다. 마리아는 이러한 자료들 외에도 필요한 것을 찾을 수 있는 정원과 들판, 그리고 그것을 기록할 수 있는 자신만의 붓이 있었다.

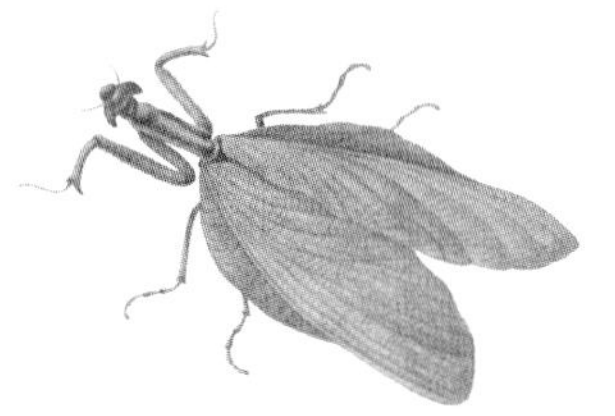

누에는 무척 까다로운 먹보였다. 마리아가 누에랑 잘 맞지 않는 나뭇잎을 먹이면 누에는 금세 죽었다. 나뭇잎이 시들시들하거나 뭉그러지거나 젖어 있어도 죽었다. 상자 안이 너무 덥거나 추워도, 마리아가 조금만 거칠게 다뤄도 죽었다. 아무 이유 없이, 그냥 죽은 누에들도 있었다.

"누에를 키우는 데에는 엄청난 노력이 필요하다. ……폭풍이 와서 번개가 치면, 누에를 뭔가로 덮어줘야 한다. 그렇지 않으면 누에에 황달이나 수종이 생긴다. 먹이를 너무 많이 줘도 죽을 것이다."

마리아 메리안

마리아는 몇 번이고 시도하며, 누에 상자와 유리병에서 변화의 기적이 일어나기를 기다렸다.

마침내 크고 통통한 누에들이 고개를 좌우로 천천히 흔들기 시작했다. 비단실을 내뿜으며 그렇게 자기 몸을 감쌌다. 몇 시간이 채 지나지 않아, 상자에는 솜털 모양의 크림색 고치들이 점점이 흩어져 있었다.

마리아는 가만히 기다렸다.

번데기 단계에 있는 누에(Bombyx mori)의 고치.

고치에서 막 나온
누에나방.

몇 주 뒤, 마리아는 아마도 다른 데 정신이 팔려 있다가, 벨벳처럼 부드러운 하얀색 나방이 고치에서 나오는 그 순간을 놓쳐버렸나 보다. 마리아가 본 것은 나방이 상자 가장자리에 앉아 쪼글쪼글 주름지고 털이 텁수룩하게 난 날개를 파닥이는 장면이었다. 하지만 그 뒤로 몇 달 동안, 마리아는 고치에서 나오는 나방을 여러 차례 볼 수 있었다. 나방은 솜뭉치 같은 고치를 입으로 잘근잘근 씹으며 그 안에서 살금살금 나왔다. 그런 다음 날개를 힘차게 퍼덕였다. 나방들이 훨훨 날아다니다가 짝짓기를 하고, 아주 작은 알들을 낳는 장면도 보았다. 그리고 그 알들이 부화해서 애벌레가 계속 늘어나는 것도 보았다. 마리아는 사각사각 갉아먹은 자국이 그대로 남아 있는 나뭇잎, 포동포동 살이 오른 애벌레, 한쪽에 벗어놓은 허물, 솜뭉치처럼 뽀송뽀송한 고치들, 그리고 고치에서 막 나와 부드러운 날개를 자랑하는 나방까지 전부 글과 그림으로 기록했다.

"나방은 나오고 싶을 때 고치의 여러 층을 입으로 물어뜯고서 나온다.
……나방은 보통 하얀색이다. 그리고 날개가 말라서 나방의 단계로 들어갔다는
판단이 확실히 설 때까지는 반나절이 걸린다."

마리아 메리안

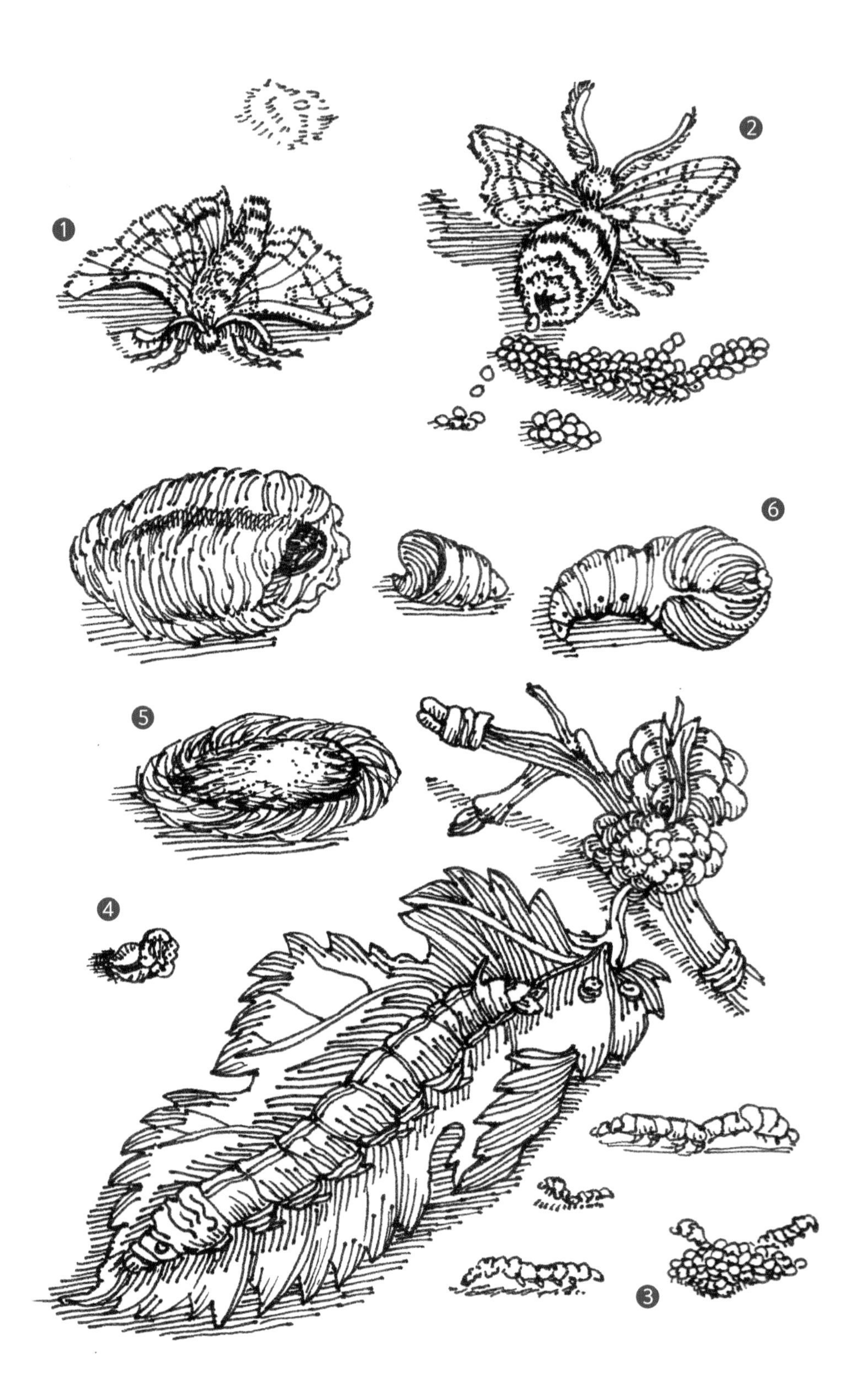

1
2
6
5
4
3

1679년 마리아가 누에의 변태 과정을 찍어낸 판화(왼쪽 그림은 모사본임).
마리아가 1660년에 누에를 처음으로 연구하면서 그린 스케치를 바탕으로 했다.
1. 누에나방(Bombyx mori) 수컷.
2. 알을 낳는 누에나방 암컷.
3. 알에서 부화하는 애벌레. 애벌레는 각각의 '령' 기간 동안 성장하고 탈피한다.
4. 성장한 애벌레가 버린 허물.
5. 비단실이 있어서 소중하게 여겨지는 고치.
6. 고치 안에 있는 번데기.

마리아는 열세 살 때부터 이 모든 과정을 끈기 있게 기다리며 직접 다 보았다. 그리고 대학 교수들이 그러하듯, 관찰한 것을 전부 기록으로 남겼다.

사실, 사람들은 대부분 누에나방이 '벌레'에서 나온다는 걸 이미 알고 있었다. 그러면 마리아의 정원에서 훨훨 날아다니는 다른 여름새들은 대체 어디서 나온 걸까? 마리아가 나뭇잎과 꽃에서 찾아낸 다른 애벌레들은? 게다가 이들 중 얼마나 많은 생물들이 서로 연결되어 있을까?

마리아가 이와 같이 어떤 한 곤충의 변화 과정을 연구했다면, 분명 다른 곤충들의 변화 과정도 연구했을 것이다. 비록 그것을 본 사람은 아무도 없을지라도.

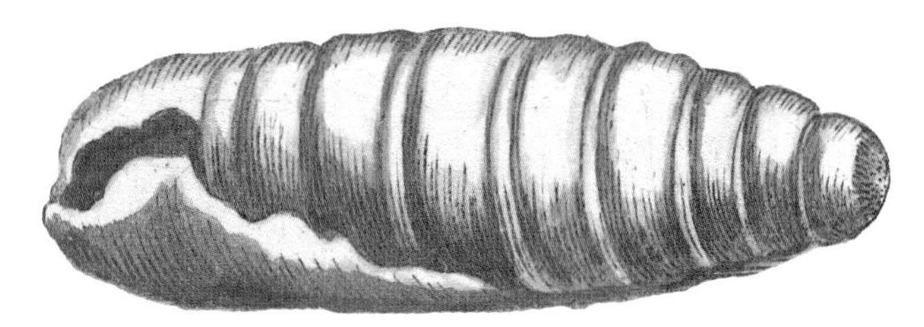

위로, 위로, 위로
나는 기어오른다.
비밀을 찾아서.
그새 살이 올랐지만
미처 알아차리지 못했다.
또다시
피부가 몸에 맞지 않는다.

애벌레의 제3령 단계

5장: 제3령

1661년, 독일 프랑크푸르트

마리아는 애벌레를 계속 채집하고 그것을 그리면서 옆에 짤막한 글도 남겼다. 마리아는 아직 어렸기 때문에 짬을 내서 숲과 들판을 돌아다니거나, 애벌레를 상자와 유리병에다 기를 수 있었다.

하지만 이런 일을 할 수 있는 날도 이제 얼마 안 남았다. 열네 살이 되면, 어른으로 여겨졌기 때문이다.

"이 애벌레들은 날 때부터 겁쟁이였다. 살짝 건드리거나 무슨 소리만 나도, 모든 위험이 사라질 때까지 몸을 웅크리고 가만히 있었다."

마리아 메리안

17세기 독일에서 젊은 여성이 선택할 수 있는 자신의 미래는 매우 제한적이었다. 여성은 언제나 가족이 먹을 음식과 입을 옷을 마련하고 집을 돌봐야 하는 등 가정을 최우선으로 해야 했다. 집안일에 방해가 되지 않는 한, 남자 가족 구성원을 위해 예술가로서 일할 수 있었다. 하지만 당시 전통에 따르면 마리아는 고등 교육을 받을 수 없었다. 마리아가 아무리 자연을 연구하는 '자연 철학'을 공부하고 싶어 해도 여자는 대학에 갈 수 없었고, 그런 권리는 그로부터 250년이 지난 뒤에야 보장되었다. 부유층의 여자들은 그 집안의 남자 보호자가 허락한다면 가정교사를 집에 들여 공부할 수 있었다. 하지만 마리아는 부유하지 않았다. 마리아는 먹고살기 위해 바쁘게 일해야 하는 장인의 집안에서 태어났고, 가족들은 마리아가 맡은 일을 제대로 해내기만을 바랐다.

그래서 아이에서 어른으로 넘어가는 그 시기에, 마리아는 자신이 해야 할 일들을 조금씩 배우기 시작했다.

우선은 엄마로부터 한 땀 한 땀 깔끔하게 바느질하는 법, 거친 양모에서 실을 뽑는 법, 어질러진 방을 가지런히 정리하는 법 등을 배웠다. 시장에서 신선한 고깃덩어리를 고르고 그것을 정원의 허브로 양념하는 법도 배웠다. 비누나 양초, 밀가루를 살 때 꼼꼼하게 계산하는 법도 배웠다. 여기서 중요한 것은, 마리아가 이런 일들을 할 때 효율적으로 빨리 끝내는 방법을 터득했다는 것이다. 그래서 시간을 따로 빼내 그런 집안일보다 훨씬 더 하고 싶었던, 화실 일을 할 수 있었다.

마리아는 양아버지와 견습생들 옆에서 고급의 미술 재료를 선택하는 법, 사람들이 좋아하는 그림을 그리는 법, 고객의 관심을 끌어 단골로 만드는 법 같은 것을 배웠다. 그리고 마리아는 물감의 원료에 마음을 빼앗겼다. 초록색은 말린 갈매나무 열매에서, 보라색은 조개껍데기에서, 파란색은 아주 귀한 라피스 라줄리 보석에서 나왔다. 마리아는 그

1600년대 주택의 실내 모습. 당시 독일 화가들은 실내를 잘 그리지 않았다. 이 그림은 네덜란드 화가인 피테르 데 호흐가 그린 것이다. 「사과 껍질을 벗기는 여인」, 1663년.

원료를 갈아서 고운 가루로 만든 뒤 그 가루를 아라비아고무와 섞는 법을 배웠다. 아라비아고무란 아카시아나무에서 나온 수액 덩어리로, 그걸 쓰면 안료가 종이나 천에 잘 들러붙었다. 마리아는 접착제로 쓰인 아라비아고무와 안료의 양을 서로 다르게 섞어서 실험하는 걸 즐겼다. 그래서 어떻게 하면 색이 더 선명하게 나오고 오래 지속될 수 있는지 알아내려고 했다.

야콥 마렐을 포함해 많은 화가들이 종이보다는 동물 가죽으로 만든 양피지에다 그림 그리기를 선호했다. 양피지가 더 부드럽고 물감을 덜 흡수했기 때문이다. 사람들이 제일 많이 찾고, 가장 비싼 양피지는 송아지 가죽으로 만든 '벨럼'이었다. 마리아는 화실에 있는 동안 벨럼에 대해 아주 자세히 배웠고, 벨럼에 그림 그리는 걸 평생 좋아하게 되었다. 색감이 풍부하게 나올 뿐만 아니라 그림을 정교하게 그릴 수 있었기 때문이다.

마리아는 예술적 기량을 더 넓히고 싶어서 이복오빠들인 카스파르와 마테우스 주니어가 있는 메리안 인쇄소를 종종 방문했다. 거기선 잉크와 눅눅한 종이에서 나오는 독특한 냄새가 났다. 마리아는 그 익숙한 냄새를 맡으며 동판화를 연습했다. 시간이 오래 걸리는 작업이지만, 한 가지 도안으로 그림을 여러 장 찍을 수 있었다. 마리아는 나무 손잡이가 달린 '뷔랑'이라는 조각칼로 광택이 나는 금속을 엇베었다. 그렇게 여러 번 되풀이해서 아주 작은 곡선들을 동판에다 새겨 넣었다. 그리고 동판에 '에칭'하는 법도 배웠는데, 그럼으로써 그림을 좀 더 섬세하게 표현할 수 있었다. 에칭은 우선 동판을 전부 밀랍으로 칠해야 했다. 그리고 그 위에 길고 날카로운 바늘로 그림을 그린 뒤, 그 동판을 산성 용액에 담갔다. 그러면 바늘로 밀랍을 긁어낸 부분들만 부식되어 동판에 그림이 그려졌다. 이렇게 작업을 하다 보면 마리아의 손바닥에선 경련이 일어나고 눈은 무척 피곤했다. 하지만 그 보상으로 인쇄해서 책으로 낼 수 있는 도안을 얻었고, 그것은 한 사람이 발견한 것을 모두 볼 수 있게 했다.

마리아는 또한 곤충 책들도 놓치지 않고 찾아보았다. 그러던 중 네덜란드 화가 요하네스 고다트가 쓴 『곤충의 자연 변태』란 책을 손에 넣게 되었다. 그 책은 거의 모든 페이지에 마리아가 사랑하는 애벌레들이 있

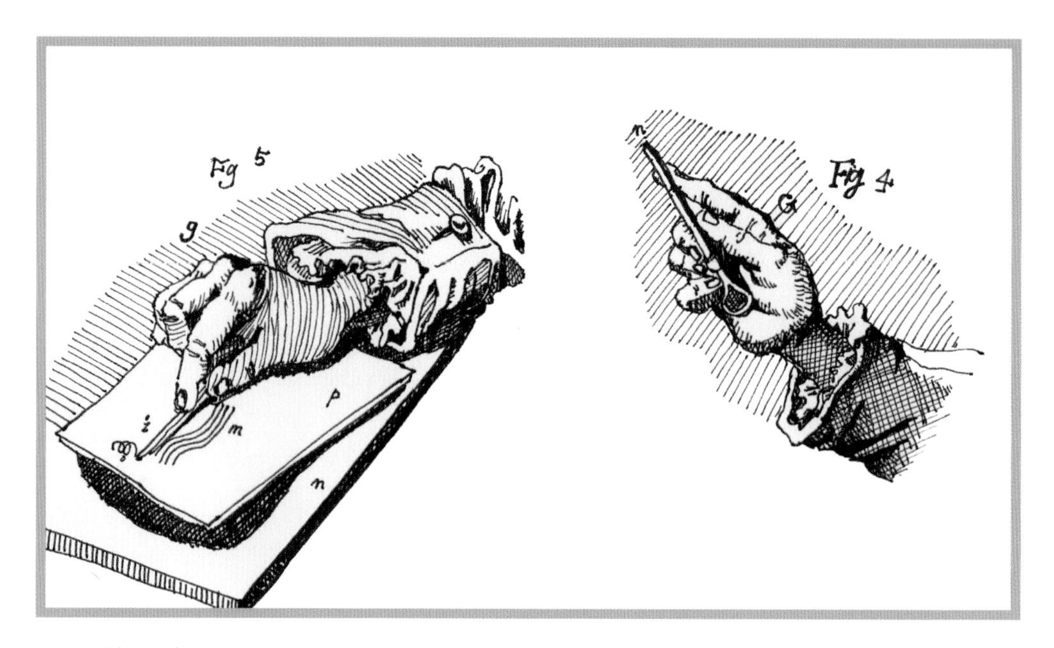

예술가는 '뷔랑'이라는 조각칼로 동판에 선을 새긴다. 동판은 작은 쿠션 위에서 균형을 이루고 있기 때문에, 조각을 하는 동안 예술가는 뷔랑을 안정적으로 잡고 판을 돌려 선을 자유롭게 새길 수 있다 (위의 그림은 모사본임).

었다. 마리아는 고다트가 네덜란드 시골에서 찾은 표본들의 판화를 자세히 들여다보았다. 기쁘게도, 고다트는 각 종의 변화 단계들, 즉 애벌레, 번데기, 나비를 한 페이지에 몰아서 그렸다. 덕분에 마리아는 자신이 관찰한 것을 확인할 수 있었다. 하지만 거기엔 중요한 정보가 빠져 있었다. 고다트는 이 애벌레들을 어느 식물에서 찾았을까? 그리고 그 애벌레가 나온 알은 어디에 있었을까? 아무래도 고다트는 많은 애벌레들이 아직도 자연발생적으로 나온다고 믿는 것 같았다.

마리아는 고다트가 대학 교육을 받은 학자가 아니라는 걸 알게 되었다. 고다트는 마리아의 양아버지처럼 꽃을 그리는 화가였고, 마리아처럼 곤충의 변태와 관련된 것은 전부 스스로 공부했다. 고다트는 이렇게 선언했다. "분명히 말하지만, 나는 내가 직접 관찰한 것만을 이 책에 실었다. 자연 과정을 연구하는 데 있어서 믿을 수 있는 방법은 오직 누군가의 관찰밖에 없다." 고다트는 마리아가 매일 하던 일, 다시 말해 채집과 관찰, 기록을 하면서 거의 알려지지 않은 이 생물들의 지식을 세상에 더했다.

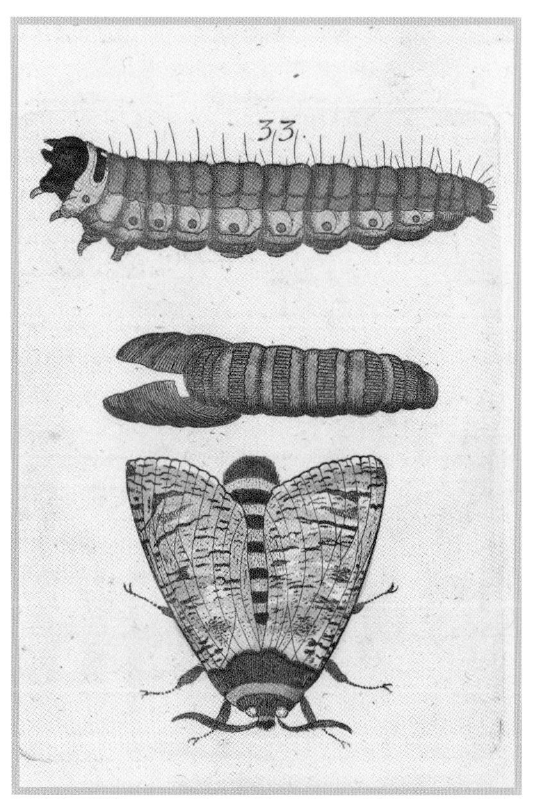

요하네스 고다트의 초상화와 고다트가 1662년에 펴낸 『곤충의 자연 변태』의 한 페이지다. 고다트는 나비의 변화 단계들을 전부 한 페이지에 그려 넣어서 마리아에게 어떤 영감을 주었지만, 그 곤충들을 자연환경에 두고서 그리려고 하지는 않았다.

고다트도 이런 책을 낼 수 있었는데, 마리아는 왜 그러지 못했을까?

그건 마리아의 엄마가 마리아에게 어떤 한 가지 사실을 상기시켜주었기 때문이다. 마리아가 다 성장했다는 것. 마리아는 이제 젊은 여성이었다. 그리고 젊은 여성은 결혼을 해야 했다.

나는 빨리 자랐다.
몸을 비틀면서
허물을 벗고
또 벗었다.
그리고 환경에 맞춰
몸이 바뀌었다.

애벌레의 제4령 단계

6장: 제4령

1665년, 독일 프랑크푸르트

열여덟 살이 되었을 때, 마리아는 양아버지의 견습생 중 한 명이었던 요한 안드레아스 그라프와 결혼했다. 요한은 마리아보다 열 살이나 많았지만, 그전부터 마리아와 함께한 시간이 꽤 많았다. 마리아의 부모는 사업과 안정을 염두에 두고서 그 결혼을 성사시켰다. 한마디로 요한은 실력 있고 부지런한 동료를 얻고, 마리아는 사회적 안정과 경제적 보장을 얻은 것이다. 마리아는 이 결정을 어떻게 느꼈을까? 당시에는 낭만적 사랑을 한때의 정신 이상이라고 여겼기 때문에, 결혼 상대를 선택하는 데 있어서 그런 건 중요하지 않았다. 마리아가 요한과 결혼한다면, 마리아는 자신이 좋아하는 일을 계속할 수 있었다. 어쩌면 그것 때문에 요한과 결혼한 게 아니었을까?

1668년, 마리아와 요한 사이에서 여자아이가 태어났다. 마리아는 엄마 이름을 따서 아이의 이름을 '요한나'라고 지었다. 마리아와 요한은 요한의 고향인 뉘른베르크로 이사 갔는데, 그곳은 프랑크푸르트보다 더 작고 보수적인 도시였다. 마리아는 요한을 도와 판화와 인쇄를 하는 작은 가게를 차렸다. 마리아는 집안일도 하고 아이도 키우고 화실도 운영하느라, 아침부터 저녁 늦게까지 눈코 뜰 새 없이 바빴다.

「뉘른베르크의 시장」, 요한 델센바흐, 1730년. 마리아는 종일 집안일을 해야 했다. 아마도 이렇게 큰 야외 시장에서 매일 장을 봤을 것이다 (왼쪽 그림은 원본 일부의 모사본임).

마리아는 계속 그림을 그리면서 가족 살림에 보탬을 주었다. 프랑크푸르트에서처럼, 뉘른베르크의 예술가 길드도 여자를 끼워주지 않았다. 그리고 여자는 풍경화나 누드화 같은 유화를 그려서 팔지도 못하게 했다. 남자보다 열등하다고 여겨진 여자는 색이 금방 바래는 수채화 물감으로만 그림을 그려야 했다. 그래서 마리아는 장식용 그림들, 즉 자수나 원단에 들어갈 꽃무늬 같은 그림들에 집중했다. 또한 마리아가 만든 안료는 질이 좋다고 소문이 났고, 마리아는 그것을 동료 화가들에게 팔았다. 마리아의 명성이 점점 높아지자 젊은 여성 예술가들의 모임에서는 마리아의 기술을 무척 배우고 싶어 했다.

마리아는 그 모임을 "아가씨들의 모임"이라고 불렀다. 그리고 거기서 색이 잘 바래지 않는, 다시 말해 물에 잘 지워지지 않는 직물용 물감으로 다양한 실험을 했다. 꽃의 도안을 좀 더 세세하게 그리는 연습도 했다. 마리아는 수강생들에게 조금이라도 도움을 주기 위해서 우아한 꽃 그림들을 시리즈로 그려 판화로 찍어주었다. 수강생들은 그것을 견본으로 삼아 자신들의 그림을 그렸다. 그 꽃 그림들은 인기가 아주 많았다. 그래서 마리아와 요한은 재정적 위험을 감수하고서라도 그것을 출판하기로 마음먹었다.

그 결과 1675년에 마리아의 첫 번째 책, 『새로운 꽃 그림책』 제1권이 나왔다. 이어 제2권은 1677년에, 제3권은 1680년에 각각 출간되었다. 책에는 주로 튤립과 장미, 백합 등이 실렸는데 그 꽃들은 마리아가 어린 시절을 보냈던 정원에 가득 피어 있었을 뿐만 아니라, 유럽 사회에서 여전히 인기가 많았다. 마리아는 책의 서문에서 "따라 그리고 색칠하기 위해, 바느질하는 여성들에게 자수 도안을 제안하기 위해, 예술 애호가들에게 즐거움과 유익함을 제공하기 위해" 자신의 도안을 모두에게 기꺼이 내놓겠다고 적었다.

책은 열렬한 환영을 받았다. 화가이자 미술사가인 요하임 폰 산드라르트는 1675년에 『독일 예술 아카데미』라는 책을 냈는데 거기에 마리아의 그림을 실었다. 그리고 마리아를 "유명한 판화가 마테우스 메리안의 딸"이라고 소개하면서, 마리아의 "스케치와 수

「마르타곤백합」, 마리아 지빌라 그라프(메리안), 『새로운 꽃 그림책』 제1권, 1675년. 이 책은 꽃에 관한 책이지만, 마리아는 거의 모든 페이지에다 아름다운 곤충을 자세히 그려 넣었다(오른쪽 그림은 모사본임).

채화, 판화에서 엄청난 기술과 섬세함, 그리고 지성이 엿보인다"고 했다. 마리아가 "그 기술을 배우고 직접 해보고 싶어 하는 많은 사람들에게 방법을 알려줄 뿐만 아니라 동시에 집안일도 아주 효율적으로 해내고 있다"고도 적었다.

마리아는 여전히 시간을 쪼개서 애벌레와 나방, 나비들을 찾았다. 그리고 그 곤충들의 삶을 단계별로 관찰하고 그릴 수 있도록 그것들을 눈에 잘 띄지 않는 부엌 한쪽 구석에 두었다. 마리아는 가족을 돌보고 그림을 그리고 학생들을 가르치는 중간중간에 자신이 발견한 것을 곰곰이 생각했다. 왜 어떤 애벌레는 한 가지 식물만 먹을까? 어떤 애벌레는 이것저것 먹는 것처럼 보이는데? 애벌레는 고치 안에서 정확히 어떻게 변하는 걸까? 어떤 고치들에서는 왜 나방 대신 파리나 말벌이 나오는 걸까?

하지만 마리아는 이런 연구를 할 때 아주 조심해야 했다. 프랑크푸르트와 마찬가지로 뉘른베르크 사회에서도 결혼한 여자가 유충이나 애벌레를 모으는 것에 눈살을 찌푸렸기 때문이다. 그들은 오직 부정하고 사악한 사람만이 그러한 해충에 관심을 가질 거라고 믿었다.

마녀 사냥꾼: 다른 존재의 위험성

1450년부터 1750년까지 유럽에서 마녀로 몰려 재판에 넘겨진 사람들은 거의 10만 명에 달했다. 그중 4분의 3이 여자였는데, 마리아가 사는 뉘른베르크 근처에서도 그런 일이 많이 일어났다. 마녀에 대한 과잉 반응은 지나치게 열성적인 성직자들과 이웃 간의 질투나 악감정처럼 아주 단순한 요인들 때문에 부추겨졌지만, 재판은 진짜로 진행되었다. 악마를 대신하여 신에게 대항하고 있다고 여겨진 사람들이 수천 명에 달했고, 그들은 물에 빠지거나 불에 타거나 교수형에 처해져 죽었다. 주된 대상은 사람들과 잘 어울리지 못하고 특이한 행동을 하는 여자들, 즉 동물에게 말을 걸거나, 밤에 시골길을 돌아다니거나, 곤충을 잡아서 기르는 여자들이었다. 사람들은 이런 여자들을 따돌리고 피했다. 그러면서 질병이 번지거나, 사고가 나거나, 흉년이 들거나, 재앙이 닥치면 그게 다 그 여자들 때문이라며 비난했다.

사실 그 당시 사람들은 지적 능력을 갖추고자 하는 여자들, 특히 "유해한 동물"을 연구하려는 여자들을 비정상이라고 여겼다. 어떤 교육자는 여자들은 마음이 아주 여리고, "사회에서 사람들과 어울려 사는 게 얼마나 중요한지를 깨닫지 못할 만큼 어떤 대상에 집착한다"고도 주장했다.

16세기의 판화로(왼쪽 그림은 모사본임), 산 채로 화형당하는 마녀들을 보여주고 있다. 위에 그려진 구름을 보면, 악마로 상징되는 커다란 암컷 뱀이 마녀들의 영혼을 모으고 있다.

마리아는 결혼을 하고서도 여성 예술가의 길을 착실히 따랐고, 마리아의 장식용 그림들은 아주 잘 팔렸다. 마리아는 애벌레를 채집할 시간이 거의 없었다. 그리고 그건 집안 사업에 별 도움이 되지 않았다. 그렇지만 보호 껍질 안에서 형태만 갖춘 작은 날개를 달고 있는 번데기를 들고 있으면, 마리아는 그 안에서 조금씩 움직이는 생명체가 느껴졌다. 마리아는 번데기를 '시간의 무덤'이라고도 불렀다. 어떻게 된 일인지, 조용히 잠자고 있는 것처럼 보이는 그 단계에서 생명체는 천천히 그리고 기적적으로 나비로 변했다. 비록 마리아가 그 변화의 순간을 아직은 정확하게 알아내지 못했지만 말이다.

> **"따뜻한 손을 가만히 얹으면 그것은 활발하게 움직이기 시작했다. 그럼에도 불구하고 그 변화하는 애벌레 안에, 아니 좀 더 정확히 말해서, 그것의 '시간의 무덤' 안에 생명이 있다는 것은 분명히 알 수 있었다. 하지만 그 껍질이 조금 일찍 찢어지거나 이틀만 늦게 찢어져도, 색깔 있는 물 같은 물질만이 흘러나왔다."**
>
> **마리아 메리안**

곤충을 연구하는 다른 사람들은 대부분 부유하고 박식한 신사들이었다. 그들은 사용할 수 있는 자원도 마리아보다 훨씬 더 많았다. 하지만 고다트(Jan Goedart[1617~1668]. 네덜란드 동식물 연구가, 곤충학자 및 화가. 곤충 삽화로 유명하였으며 곤충학에 관한 최초의 저자 중 한 사람-역주)를 제외하고 그들은 자신들의 이론을 세우기 위해서 말라붙은 중고 표본을 사용했다. 마리아는 그런 생명체들을 직접 길렀고 그 누구보다도 곤충을 잘 알았다.

마리아 가족은 마리아의 그림이나 안료를 팔아서 얻은 수입으로 먹고살았다. 하지만 곤충에 대한 마리아의 열정은 그녀가 다시 애벌레 상자로 돌아가게 했다. 어떡해서든 마리아는 둘 다 할 수 있는 시간과 용기를 내야 했다.

비가 내렸다.

뜨거운 햇살이 쏟아진다.

안전한 장소를

찾아야만 한다.

내 운명을 받아들이고

따르기 위해서.

허물을 벗고 번데기가 될
준비를 하는 애벌레

7장: 탈피

1678년, 독일 뉘른베르크

'튤립 파동'이 가라앉고 있었다. 튤립 파동이란 네덜란드에서 있었던 일로, 가장 이국적인 꽃을 사기 위해서 사람들이 물건과 집, 심지어는 가게도 팔아치운 일이다. 이런 파동이 가라앉고 있기는 했지만 꽃 그림을 찾는 사람들은 여전히 많았다. 이와 같은 흐름 속에서 마리아의 『새로운 꽃 그림책』은 불티나게 팔리고 마리아의 명성도 자자해졌다.

하지만 마리아는 옷을 잘 차려입고서 남편과 함께 영향력이 센 부자 후원자들을 찾아 나서는 일에 점점 흥미가 떨어졌다. 대신에 새로 태어난 아기 도로테아와 열 살배기

요한나를 데리고 뉘른베르크성 근처의 정원으로 자주 갔다. 거기서 곤충을 채집하고 관찰하고 탐구했다. 그러자 친구들도 마리아의 표본을 갖고 공부하기 시작했다. 마리아가 곤충을 채집한다는 소문이 주변에 퍼지고 사람들의 관심도 커졌다. 호기심 많은 사람들은 마리아의 화실에 잠시 들러, 핀으로 고정된 나비와 잘 보존된 번데기가 담겨 있는 상자들을 들여다보고 가끔은 그것을 사가기도 했다. 곤충을 대하는 사람들의 생각이 서서히 '미신'에서 벗어나 '발견' 쪽으로 돌아서고 있었던 걸까?

마리아는 곧 '애벌레 부인'으로 유명해졌다. 어떤 곤충이라도 그녀의 관심망을 벗어나지 않았다. 어느 날 이웃이 마리아에게 작은 새 세 마리를 갖다 주면서 저녁으로 먹으라고 했다. 마리아는 그때 있었던 일을 나중에 이렇게 기록했다. "내가 깃털을 막 뽑으려 할 때였다. 통통한 구더기 열일곱 마리가…… 거기에 있었다. 구더기들은 발이 없지만, 깃털을 재빨리 잡을 수 있었다. 그다음 날 구더기들은 갈색 번데기로 완전히 변해 있었다. 8월 26일, 거기서 초록색과 파란색의 파리들이 나왔는데, 그 파리들은 너무 빨라서 잡기가 무척 힘들었다. 나는 다섯 마리만 잡을 수 있었고, 나머지는 전부 탈출했다."

마리아는 꼼꼼한 연구원이었다. 살아 있는 곤충을 잡으면 그 곤충을 어느 식물에서 찾았는지 기록했다. 곤충 상자를 항상 깨끗하게 청소하고 매일 신선한 잎사귀를 갖다 주었다. 곤충의 습성뿐만 아니라 그것이 변화되는 시기도 다 기록했다. 애벌레가 죽거나 번데기가 성충으로 나오는 데 실패하면 그 연구를 몇 번이고 반복했다. 이것은 지루한 작업이지만 오래지 않아 아주 흥미로운 결론을 보여주었다.

마리아는 이 '작은멋쟁이나비Vanessa cardui'처럼, 표본을 핀으로 고정해서 팔았을 것이다.

그동안의 관찰을 근거로, 마리아는 유럽의 나비와 나방들이 전부 같은 주기를 따르며 변화한다는 것을 확신했다. 다시 말해, 알이 애벌레와 번데기를 거쳐 성충이 되고, 그 성충이 알을 낳으면서 같은 주기가 또 시작된다는 것이다. 하지만 성장하는 데 걸리는 시간은 애벌레의 종류마다 달랐다. 어떤 애벌레는 몇 주도 안 되어 성충이 되지만, 어떤 애벌레는 겨울 내내 번데기로 있었다. 그리고 번데기마다 생김새도 굉장히 달랐다. 매끈매끈 윤이 나는 것도 있고, 등이 오톨도톨 돋은 것도 있고, 솜털처럼 폭신한 고치에 둘러싸인 것도 있었다. 나뭇가지와 연결된 특이한 줄만 빼면 그냥 주름지고 소박하게 생긴 것도 있었다.

"이따금 애벌레들은 나뭇잎이나 줄기, 벽에 매달린 채 머리를 아래로 떨어트리고서 허물을 벗었다. 그러면 몇 시간도 안 되어, 분명히 볼 수 있는데, 그건 꼭 포대기에 싸인 아기처럼 생겼다. 금으로 뒤덮여 있거나 금이 중간중간 박혀 있는 것처럼 보이는 것도 있었다. ……조개껍데기 속의 진주층처럼 영롱한 은색이 나는 것도 있었다. ……어떤 애벌레들은 고치를 만들거나 어딘가에 매달리지 않고, 나뭇잎 같은 데로 가서 그냥 자리를 잡기도 했다. 하지만 그 애벌레들은 우선 허물을 벗은 다음, 마치 진정한 '시간의 무덤'에 들어간 것처럼 그 옆에 가만히 있었다."

마리아 메리안

신기한 변태 과정

'작은멋쟁이나비Vanessa cardui'의 변태

마리아가 발견한 것처럼, 나비와 나방은 전부 완전 변태를 한다. 그것은 '알, 새끼벌레, 번데기, 성충'이라는 서로 다른 네 단계를 거쳐서 성장한다는 뜻이다.

1. 알

모든 나비는 짝짓기를 끝낸 암컷 나비가 낳은 작은 **알**에서 시작된다. 보통은 이삼일 이내 알에서 애벌레가 부화한다. 막 부화한 애벌레는 대부분 자기가 나온 알껍데기를 먹는데, 거기엔 중요한 영양소들이 들어 있다.

4. 성충

번데기 안에서 성충인 나비가 완전히 형성되고, 또 바깥 환경이 딱 맞아떨어지면 외피가 투명해지면서 날개가 살짝 보인다. 얼마 안 있어 번데기는 **우화**한다. 즉 성충인 나비가 외피를 찢고 살금살금 나온다. 날개는 처음에 꼬깃꼬깃 구겨져 있지만 나비가 날개를 계속 퍼덕이며 몸에 있는 물기를 말린다. 한 시간 정도 지나면 날개는 다 펴지고 더 단단해져 있다. 이제 그 **성충**은 하늘을 날아다니며 짝짓기를 할 준비가 다 되었다. 그리고 암컷이라면 그 뒤에 알을 낳을 것이다.

2. 령

애벌레, 또는 나비의 새끼벌레는 완전 먹보 기계로, 애벌레가 이삼 주 동안 하는 일이라곤 우적우적 먹고 성장하는 것밖에 없다. 애벌레는 자라면서 **탈피**를 몇 번이나 한다. 오래된 피부를 머리부터 벗으며 꿈틀꿈틀 나오면 그 안에 있던 탱탱한 피부가 드러난다. **'령'**이라 불리는 각각의 새로운 단계를 지나면서 애벌레는 피부의 색깔이나 질감을 바꿀 수 있다. 그래서 마리아 같은 박물학자들은 무척 혼란스러워했다. 어떤 애벌레들은 잡아먹히지 않으려고 위장을 하는데 마른 나뭇잎이나 나뭇가지, 뱀, 심지어는 새똥으로 위장하기도 한다.

3. 번데기

일단 다 자라면 애벌레는 몸을 부착할 수 있는 안전한 장소를 찾은 뒤에 **번데기** 단계로 들어간다. 애벌레는 입 바로 아래에 있는 '방적돌기' 샘에서 비단실을 뽑아내 그것을 나뭇가지에 돌린다. 그리고 그 실을 힘이 센 뒤쪽 발로 꽉 잡고서 거꾸로 매달려 있다. 그런 다음 한 번 더 탈피를 해서 단단해진 피부, 즉 외피를 드러낸다. 그리고 누에는 고치를 친다. 번데기는 점점 더 딱딱하게 굳어지면서 날씨의 변화에도 영향을 받지 않기 때문에 몇 주나 몇 달 동안 휴면 상태에 있을 수 있다. 그 안에서 애벌레의 소화기관과 호흡기관은 완전히 바뀐다. 그리고 근육은 녹아서 '성충판'이라는 세포 그룹으로 재조직되고 거기서 날개와 다리, 더듬이 같은 아주 새로운 신체 부위가 만들어진다. 이렇게 되는 과정과 그 시간은 너무 복잡해서 아직도 완전히 다 밝혀진 건 아니다.

이따금 어떤 애벌레나 번데기에서는 예상했던 나방이나 나비가 나오지 않고 파리나 말벌 한 무리가 나와서 마리아를 깜짝 놀라게 했다. 마리아는 당황하긴 했지만 이것도 잘 기록해두었다. 그리고 이런 현상을 "잘못된 변화"라고 적었다. 그런 다음 마리아는 자신이 예상하는 '여름새'가 나올 때까지 그것과 같은 종류의 애벌레를 계속해서 끈기 있게 모았다.

또한 마리아는 나비와 나방들이 특정한 식물들과 연결되어 있다고 확신했다. 나비는 특정 종류의 꽃에서 나온 꿀을 더 선호할 뿐만 아니라, 자기 알도 특정 식물에만 낳았다. 어찌된 일인지 나비는 막 부화한 자기 애벌레가 그 특별한 잎을 먹고 싶어 하리란 걸

누에기생파리(왼쪽 번데기)들이 산누에나방의 번데기(오른쪽)를 죽인 사진이다. 나방 고치에서 나방 대신 파리나 말벌이 나오기도 하는데, 마리아는 이 "잘못된 변화"가 곤충의 기생 때문에 일어난다는 걸 나이가 훨씬 들어서야 깨달았다. 이 경우에는 파리가 나방의 고치에다 자기 알을 넣은 것이다. 파리의 알이 부화되면, 그 애벌레는 나방의 번데기를 먹는다. 그러고는 자신도 번데기가 된 다음 파리가 되어 멀리 날아간다.

알고 있었다. 아니, 애벌레가 살아남으려면 그 잎을 먹어야 한다는 걸 알고 있었다.

"이 작고 보잘것없는 벌레들은…… 재능을 타고났는데, 그건 어떤 면에서 사람들을 부끄럽게 만드는 것 같다. 그 벌레들이 자신들의 일정표를 착실히 따른다는 점에서, 그래서 먹이를 찾는 법을 알기 전까지는 세상에 나오지 않는다는 점에서 그렇다. 마찬가지로 나비도 알을 아무 데나 막 낳지 않는다. 애벌레를 위한 영양소가 있다는 걸 알고 있는 곳에다만 알을 낳는다."

마리아 메리안

넘쳐나는 새로운 발견과 더불어 고다트의 작품을 마음에 새긴 마리아는 새로운 책을 계획했다. 그 책에는 꽃과 식물을 그렸지만, 초점은 그 식물을 먹는 곤충에 맞춰졌다. 애벌레들이, 즉 영광스럽게도 변화무쌍한 변신을 거듭하는 애벌레들이 주역을 맡은 것이다.

그 책에는 페이지마다 애벌레가 한두 마리씩 꼭 나왔다. 그러면서 애벌레의 발달 단계들을 분명하게 보여주었다. 고다트에서 벗어나, 마리아는 자신의 그림에 곤충의 알도 그려 넣었고, 애벌레는 전부 알에서 나온다는 사실을 확실하게 보여주었다. 대부분의 사람들이 곤충은 자연적으로 발생하는 거라고 믿고 있던 그 시대에 말이다.

> "간략하지만 많은 걸 표현하는 이 말을 꼭 해야겠다. 일반적으로 애벌레들은, 곤충들이 이미 짝짓기를 한 이상, 전부 알에서 나온다. 알은 수수의 씨앗처럼 생겼다. 그리고 어린 애벌레들은 처음에 너무 작아서 잘 보이지도 않는다."
>
> 마리아 메리안

또 다른 획기적인 성과는 마리아가 곤충을 그것의 먹이식물에다 각각 그렸다는 점이다. 마리아는 여러 시행착오 끝에 애벌레가 더 선호하는 먹이식물이 있다는 걸 알아냈다. 그래서 곤충은 식물에, 그리고 식물은 곤충에 서로 관계되어 딸려 있다고 결론 내렸다. 곤충과 식물은 서로 도우면서 양육하는 생물들의 공동체를 형성했다. 마리아의 이런 접근 방식은 다른 사람들의 곤충 연구와 현저히 달랐지만, 마리아는 이런 상호연결이 자신의 책에서 잘 표현되기를 바랐다. 마리아가 매일 산책하면서 관찰했던 것처럼 말이다. 게다가 곤충과 식물을 다채롭게 구성한 마리아의 그림은, 흰 바탕에 표본들을 줄 맞춰 늘어놓은 고다트의 그림보다 예술적으로도 더 큰 즐거움을 주었다. 마리아는 뼛속 깊이 예술가였다.

1679년, 서른두 살의 마리아는 『애벌레의 경이로운 변화와 꽃의 특별한 영양』이란 책을 펴냈다. 마리아는 모든 그림을 판에다 직접 새기고, 찍은 판화는 거의 대부분 자신이 색칠했다. 그리고 그 책을 "자연 탐구가와 미술가, 정원 애호가들"에게 바치며, 이를 "독창성이 돋보이는 새로운" 책이라고 여겼다. 그러면서 이렇게 밝혔다. "애벌레, 벌레, 여름새, 나방, 파리 같은 생물들의 기원과 먹이, 발달뿐만 아니라 그것들의 시기와 특성을 열심히 연구했다. 이어 자연 상태에 있는 그 생물들을 순간적으로 포착해서 그리고, 색칠하고, 동판에 새겨 책으로 냈다. 마테우스 메리안의 딸, 마리아 지빌라 메리안이 이 모든 작업을 직접 했다."

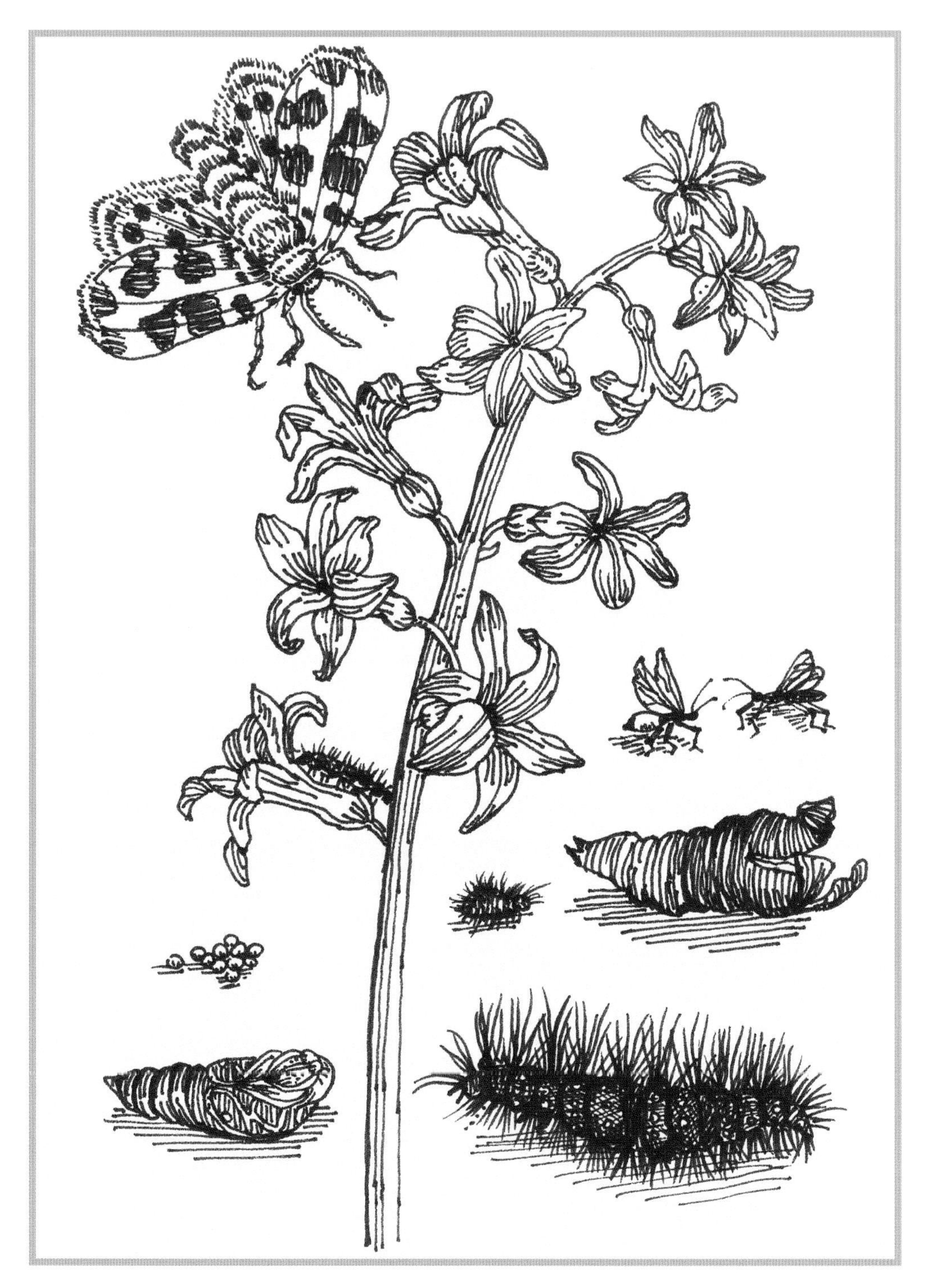

히아신스 꽃에 날아든 불나방*Arctia caja*. 마리아가 판화로 찍은 뒤 채색하지 않은 그림이다(위의 그림은 모사본임). 이 그림은 1679년에 나온 마리아의 애벌레 책에 실렸는데, 알을 포함해서 나방의 발달 단계를 전부 확실하게 보여주고 있다. 여기에는 말벌 두 마리도 그려 넣었다. 그 말벌은 아마도 나방에 기생했을 것이다.

마리아의 애벌레 책 표지그림이다(위의 그림은 모사본임). 여기에는 마리아가 처음으로 연구한 애벌레, 바로 누에가 그것의 먹이식물인 뽕잎에 올라가 있다. 마리아의 이름은 아래쪽 나뭇가지에 쓰여 있다.

마리아의 그림은 아름답고 생생하며 정밀했고, 세세한 부분까지도 과학적이었다. 마리아는 그 책에서 50마리가 넘는 나방과 나비의 변태에 대해 이야기했다. 각각의 변화 단계에서 걸리는 시간, 거듭된 실험과 실패, 그리고 마리아가 관찰한 다른 곤충의 흥미로운 행동들에 대해서도 설명했다. 마리아는 사람들이 자신의 책을 하나의 예술 작품으로 보고 즐기기를 바랐다. 하지만 사람들이 곤충의 세계를 이해하고, 그래서 곤충을 제대로 인식하는 데에도 도움이 되기를 바랐다.

마리아의 애벌레 책에 실린 '전면삽화 23'의 수채화. 마리아는 체리나무에 있는 제왕나방Saturnia pavonia의 변화 단계들, 즉 알에서부터 애벌레, (안에 있는 번데기를 포함한) 고치, 그리고 성충인 나방까지 전부 그렸다.

> "독자여, 부디 눈으로 보는 즐거움을 놓치지 않았으면 좋겠다. 섣불리 판단하지 말고, 처음부터 끝까지 읽기를 바란다."
>
> 마리아 메리안

마리아는 이런 주제로 책을 낸 첫 번째 여성이었다. 동료인 '정원 애호가들'과 몇몇 뛰어난 자연 철학자들은 이 "독창적인 여성"의 작품을 환영했다. 그 책에 실린 곤충의 변태들이 대부분 전에 관찰된 적 없었기 때문이다. 어떤 사람은 그 시대의 변화된 사고 방식을 드러내며, "한 무리의 학자들이 그렇게 애써서 연구하고 있는 것을 일개 여성이 세심하게 적어 내려가다니, 참으로 놀라운 일이 아닐 수 없다"고 썼다.

허물을 벗었다.

몸을 더 단단하고

견고하게 만들었다.

몸에 딱 맞는 보따리를

뒤집어쓴 것처럼.

그리고 기다렸다.

나비의 번데기

8장: 번데기

1680년, 독일 뉘른베르크

애벌레 책이 좋은 반응을 얻자, 마리아는 즉시 두 번째 책을 내기 위해 여러 관찰 자료들을 모으기 시작했다.

마리아에게 있어서 하루하루는 새로운 가능성으로 반짝이는 날이었다. 마리아는 빠르게 변하고 있지만 여전히 이름도 없는 분야, 바로 '곤충학'의 영역으로 들어가고 있었다. '곤충학'이란 단어 자체가 그때로부터 75년이 지나서야 처음 등장한다. 마침내 곤충학자들은 고대 아리스토텔레스의 믿음을 뒤로하고 고다트의 의견에 동의하기 시작했다. 즉 직접적인 관찰이 자연 현상을 연구하는 데 있어서 유일하게 신뢰할 수 있는 접근법이라는 것이다. 그러한 학자들은 다른 사람들의 연구 성과들을 열심히 읽으면서 혁신적이고 새로운 생각에 자극을 받았다. 1668년, 이탈리아 의사인 프란체스코 레디는 썩은 고기에다 한쪽은 천을 씌우고 다른 한쪽은 천을 씌우지 않았다. 그리고 그 실험을 통해 구더기는 고기를 뒤덮은 파리의 알에서 부화하지, 썩은 고기에서 자연적으로 생기지 않는다는 사실을 증명했다. 아리스토텔레스의 생각과는 많이 달랐다. 안톤 판 레이우엔훅은 네덜란드 사람으로, 그가 직접 제작한 현미경은 다른 어떤 현미경보다 뛰어났다. 레이우엔훅은 1673년에 그 현미경으로 곤충을 해부하고 기록하기 시작했다. 네덜란드 의사인 얀 슈밤메르담은 수많은 곤충들을 해부하여 곤충의 각 단계가 전혀 다른 종류의 동물이라는 개념을 없애는 데 도움을 주었다. 슈밤메르담은 1669년에 "(유럽의) 모든 곤충은 같은 종의 곤충이 낳은 알에서 비롯된다"고 주장했다.

이런 학자들 중에는 의학 교육을 받은 사람들이 종종 있어서, 그들이 보고 있는 것이 어떤 곤충인지 식별하는 데 도움을 받았다. 그들은 돈도 많아서 연구에만 전념할 수 있었고, 여행도 자유롭게 할 수 있었다. 그리고 남자였기 때문에 그들의 연구 성과는 마리아의 것보다 훨씬 더 진지하게 받아들여졌다. 마리아는 읽을 수 있는 책은 전부 읽었지만 지식인인 척 뽐내지 않았다. 곤충을 포획하여 핀으로 꽂고 수집해서 기념품처럼 자랑하는, 그런 '극성팬'도 아니었다. 마리아는 자신을 신이 창조한 경이로움을 이해하려고 애쓰는 열정적인 관찰자라고 여겼다.

하지만 마리아의 뛰어난 실력은 그녀를 돋보이게 했다. 마리아의 깊은 호기심은 진정한 과학자라 할 만했고, 참을성도 많아 곤충을 끈기 있게 기를 수 있었다. 그리고 예술적 기술도 뛰어나 관찰한 것을 다른 사람들과 공유할 수 있었다. 한마디로, 마리아는 당대 최고의 곤충 연구를 조용히 하고 있었던 것이다.

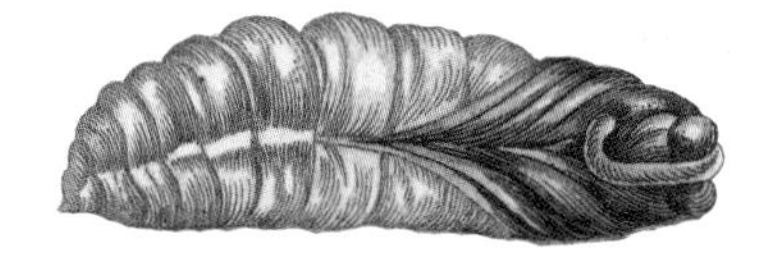

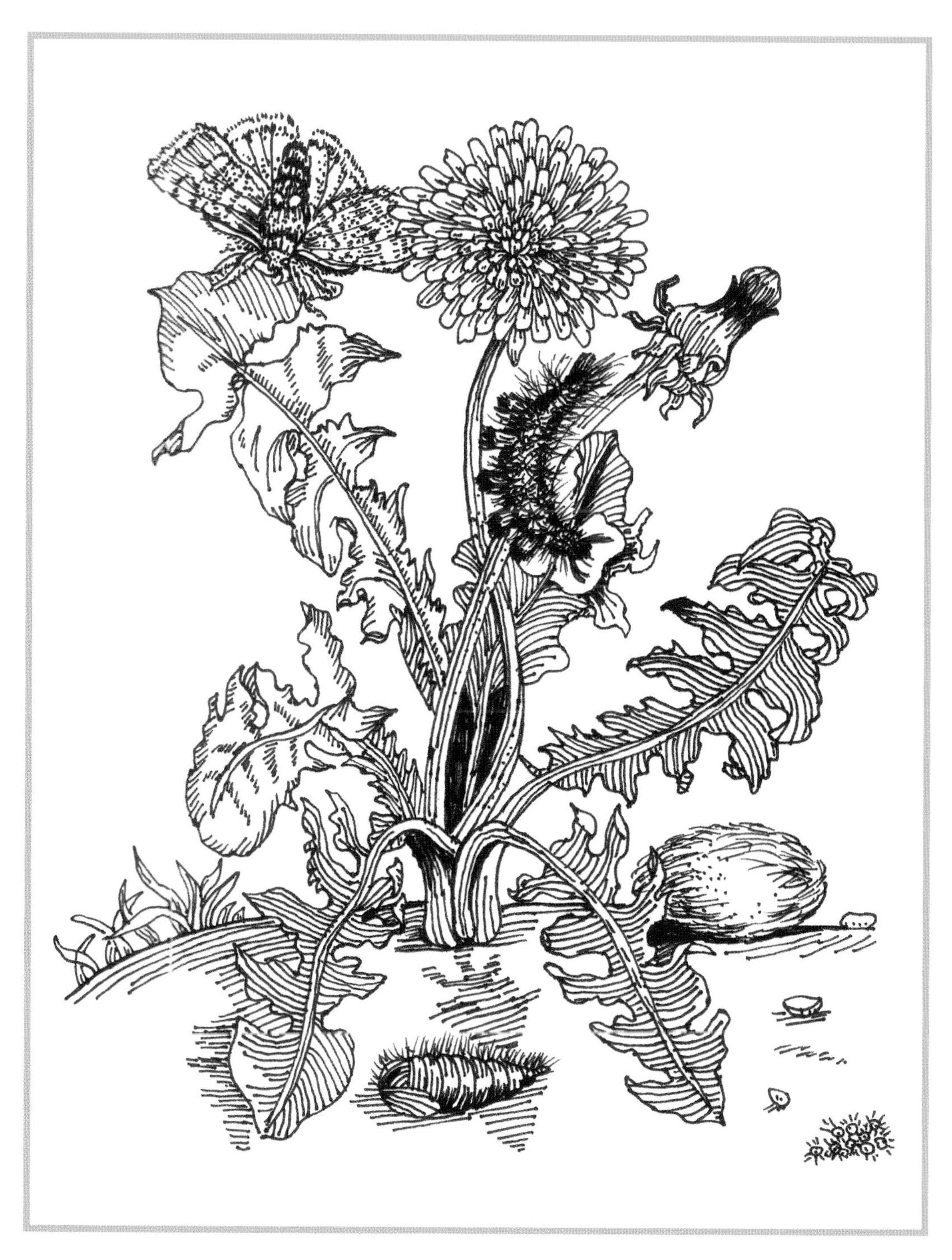

색을 입히지 않은 판화로, 마리아의 애벌레 책에 실려 있다. 이 그림은(원화의 모사본임) 민들레에 있는 독나방Dasychira fascelina의 생애 주기를 보여주고 있다. 마리아는 화려한 스타일의 잎사귀와 꽃 그림을 과학적인 정보와 능숙하게 결합했다.

"나는 즉시 그중 일부를 그려야 했다. 나중에 어떤 것들은 이미 절반이 변해 있고, 나머지는 완전히 변해 있었다. 그런 다음 그것들이 고치를 짓기 시작하자마자 나는 그것들을 다시 그렸다. ……이어 그것들이 마침내 무엇으로 변하는지 보기 위해서 기다렸다. 예상치 못한 일들이 생겨도 나는 낙담하지 않고 있는 그대로의 현상을 묘사하기 위해서 한 번 더 최선을 다해 그것들을 돌봤다. 그리고 그 과정에서 잘못된 변화가 나타나면 그것 역시 정확하게 기록했다."

마리아 메리안

하지만 마리아의 삶은 곧 급격하게 바뀔 운명에 처한다. 잔잔한 연못에 거대한 돌이 풍덩 빠진 것처럼, 마리아의 마음을 뒤흔들어놓는 소식이 들려왔다. 마리아의 소중한 양아버지이자 스승인 야콥 마렐이 사망했다는 소식이었다.

마리아는 얼른 두 딸을 데리고 프랑크푸르트로 갔다. 마리아의 엄마는 거의 제정신이 아니었고, 양아버지의 화실 사업은 엉망진창이 되어 있었다. 마렐과 메리안의 늘어난 화실 가족들이 돈 문제로 심하게 싸우고 있었기 때문이다.

마리아가 프랑크푸르트에 머물며 가족을 위기에서 구해내는 동안, 마리아의 남편 요한은 뉘른베르크에 남아 있었다. 마리아는 결혼할 때부터 요한과 그렇게 살가운 관계가 아니었다. 요한과는 동업자에 가까웠지만, 시간이 흐르면서 둘의 관계는 점점 더 악화되었다. 요한은 곤충에 대한 마리아의 열정을 불쾌해했을까? 마리아가 곤충 연구에 쏟는 노력과 시간, 공간을 아까워하며 안달했을까? 마리아를 학대했을까? 말년에 마리아는 그 기간 동안 느꼈던 비참함을 자신의 가게로 온 손님들에게 넌지시 알리곤 했다. 어쩌면 마리아는 독립심이 강해서 17세기 결혼의 제약을 견디기 힘들었을지도 모른다.

둘 사이에 있던 불화의 원인이 무엇이든, 마리아와 요한은 서로 좀처럼 만나지 않았다. 마리아는 프랑크푸르트에서 중요한 사안들, 즉 마리아의 딸들과 엄마, 그리고 일에 집중하기 시작했다.

1683년, 마리아는 애벌레 판화집 제2권을 냈다. 옛 친구들을 만난 마리아는 다시 한 번 여자 수강생들을 불러 모아 모임을 시작했다. 하지만 마리아의 인생을 구성하는 여러 부분들을 균형 있게 맞추기란 점점 더 어려워졌다. 마리아는 뉘른베르크에서 수강생으로 있다가 친구가 된 클라라 임호프에게 이렇게 썼다. "여기는 아직도 모든 게 어수선해. 이사하면서 완전히 혼란에 빠졌어. 하지만 조만간 정리되겠지. 그러고 나면 나는 일터로 돌아갈 거야." 마리아는 가족들이 계속 돈 문제로 티격태격하자, 의심과 편견, 탐욕으로 가득 찬 인간 세상을 더 이상 참을 수 없게 되었다. 그리고 마리아의 남편 요한이 프랑크푸르트로 와서 마리아에게 뉘른베르크로 돌아가자고 했다. 마리아는 계속 미루면서 버텼다. 마리아는 앞으로의 인생행로를 결정하기 위해서 시간과 공간, 그리고 조용한 은둔생활이 필요했다.

마리아는 네덜란드의 종교 공동체 '라바디스트'가 어떤 곳인지 알고 있었다. 그곳 사람들은 유행과 변덕이 판치는 세상에서 벗어나 단순하게 살기 위해 물질적 소유를 전부 포기했다. 마리아는 이복오빠인 카스파르 메리안을 좋아하고 존경했는데, 카스파르가 그곳에서 집을 짓고 살았다. 카스파르는 함께 지내자며 마리아를 불렀다.

마리아는 돌연 그곳에 가기로 결심했다.

1685년 봄, 마리아는 갖고 있던 짐을 거의 다 창고에 넣었다. 그리고 점점 더 서먹해지는 남편을 포함해, 이 세상과 등을 졌다. 그런 다음 네덜란드 북부에 있는 프리슬란트주의 삭막한 황야로 떠났다. 길바닥에는 바퀴 자국이 깊이 파여 있어서 마차가 심하게 덜컥거렸다. 마리아는 두 딸과 홀로된 엄마를 마차 뒤에 태우고 발타성으로 들어갔다.

네덜란드 뷔베르트의 발타성 입구.
1686년에 마리아의 남편인 요한 안드레아스 그라프가 마리아를 찾으러
발타성에 갔을 때 스케치한 것이다.

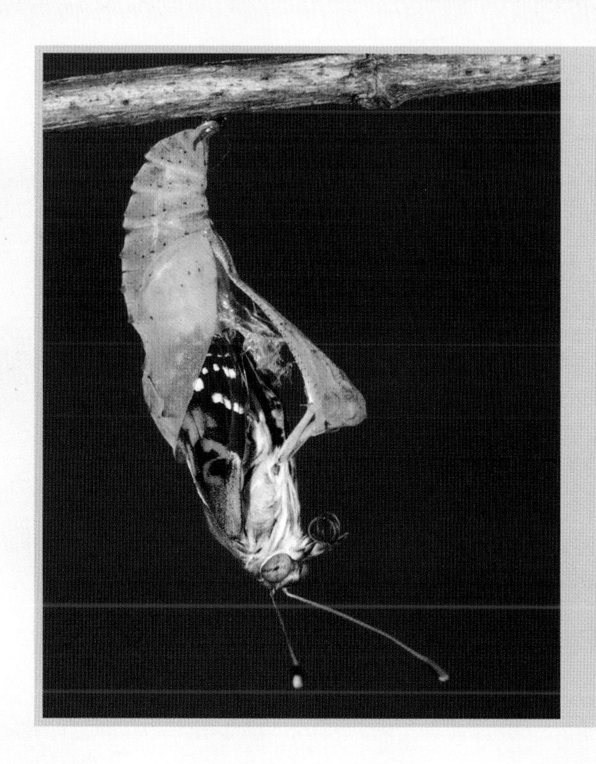

주름진 얇은 막 안에서

나는 조금씩 바뀌었다.

그리고 어둠에서

깨어났다.

자못 어색하게

뒤틀려 있던 나는

빛을 향해

기어 나갔다.

외피에서 나오는 나비

9장: 우화

1685년, 네덜란드 뷔베르트의 발타성

발타성은 바람이 휭휭 부는 외딴곳에 위치하고 있었다. 평평한 저지대에 세워진 성 주변에는 땅을 파서 만든 못과 울창한 숲이 있었다. 발타성은 바깥세상과 수로로 이어져 있었지만, 그 자체로 아주 작은 마을이었다. 성안에는 밀을 빻는 풍차가 두 개나 있고, 대장간과 양조장도 하나씩 있었다. 밭은 드넓게 펼쳐져 있고, 종교용 소책자를 찍어내는 인쇄소도 있었다. 거기선 모두 공동생활을 했는데, 함께 모여 잠을 자고 밥을 먹고 집안일도 나눠서 했다. 남는 시간엔 종교적인 모임을 갖거나 기도를 하거나 공부를 했다.

마리아와 마리아 가족은 할 수 있는 한 최선을 다해 그 공동체와 어울렸다. 허영심도 버리고 세련된 옷도 포기하고, 라바디스트의 직공들이 거친 모직으로 만들어준 수수한 옷을 걸쳤다. 또한 가족 모두가 정원 가꾸기나 비누 만들기 같은 다양한 일들을 돌아가며 했다. 열일곱 살이 된 요한나는 나이가 충분히 차서 일도 하고 모임에도 참석했다. 일곱 살인 도로테아는 매일 학교에 가서 성경과 라틴어, 히브리어 수업을 들었다. 마리아는 사회 관습에서 벗어나고 이복오빠인 카스파르와 재회하게 되자 마음의 안정을 찾았다. 그래서 그 체계화된 영적 생활 방식을 받아들이려고 애썼다.

"나는 인간 사회에서 벗어나 학업에 전념했다."

마리아 메리안

마리아는 한동안 만족하며 생활했다. 그 공동체에선 모든 물건이 공동 소유지만, 신기하게도 마리아는 자신만의 물감과 붓, 벨럼을 가질 수 있었다. 돈도 많이 들고 다른 것으로 대신하기도 어려운 물건들이었는데 말이다. 마리아는 유용한 허브들을 그려서 책으로 만들기 시작했다. 아마도 자신의 기술이 쓸모 있다는 걸 증명하기 위해서였을 것이다.

또한 마리아는 뒤죽박죽 섞인 곤충의 기록과 그림들을 마침내 정리할 수 있는 시간이 생겼다. 그 자료들은 마리아가 몇 년에 걸쳐 꽃과 애벌레들을 조사하며 얻은 것이었다. 마리아는 과연 그 자료들을 계속 보관할 가치가 있다고 생각했을까? 라바디스트는 순전히 즐거움을 위해서 예술을 하는 건 헛된 일이라고 믿었다. 보다 겸손하고 사색적인 삶을 시작한 마리아는 엉망으로 쌓인 스케치 더미를 보며 아예 없애버리는 게 낫겠다고 생각했을지도 모른다.

마리아가 발타 공동체를 위해서 시리즈로 그린 허브 수채화 중 하나(위의 그림은 모사본임). 마리아는 딜과 펜넬을 그리면서 호랑나비 애벌레를 살짝 끼워 넣었다. 호랑나비 애벌레뿐만 아니라, 그것의 번데기와 성충 나비Papilio machaon도 그 식물들을 먹는다.

하지만 마리아는 즐거움만을 위해서 그 그림들을 그리지 않았다. 그림을 그리며 경탄하고 감사했다. 마리아는 나비와 나방을 포함해 모든 생명체는 신의 영광을 반영하는 것이며, 신이 만든 창조물의 무한한 다양성을 보여주는 거라고 믿었다. 곤충의 놀라운 변화는 그 경이로운 창조물의 복잡성을 일부나마 보여주는 게 아니었을까?

> "이렇게 작고 보잘것없는 생명체들에게 쏟은, 신의 놀라운 관심과 그 신비한 힘에 찬사를 보낸다. ……그러니 이 일에 대하여 나를 찬양하거나 칭송하지 말고, 작고 초라한 벌레들까지도 창조한 신을 찬미하라……."
>
> 마리아 메리안

어쩌면 직접 본 것들을 체계적으로 명확하게 기록해서 남기는 일은 마리아의 의무였을지도 모른다. 비록 마리아가 그것들을 다 책으로 내지는 않았더라도 말이다. 그리고 그 몇 년 동안의 자료를 짜임새 있게 정리하는 건 유익하면서도 꽤 만족스러운 일이 아니었을까?

1600년대의 종교

1600년대에는 종교가 공기나 물처럼 인간의 삶 속에 완전히 스며들어 있었다. 유럽에서는 기독교가 압도적으로 많았고, 인간에 대한 신의 통치는 절대적이라는 믿음이 사회 전반에 깔려 있었다. 마찬가지로 왕국에 대한 왕의 통치도, 가족에 대한 남편의 통치도 절대적이었다. 사람들은 신이 화려하고 다양한 자연 세계를 창조했고, 그것은 태초부터 변함이 없다고 믿었다. 진화의 개념은 그 뒤로 200년이 지나야 등장한다.

30년 전쟁이 끝나자 유럽은 큰 번영을 누렸다. 그러자 사치스럽고 세속적인 물건들을 소유하려는 욕구가 점점 더 커졌다. 라바디스트 같은 공동체는 인간의 영성이 탐욕 앞에서 무너지는 걸 보며 그것에 대항하기 위해서 만들어졌다. 프랑스 성직자인 장 드 라바디가 설립한 라바디스트는, '자기애'라는 독약을 몸에서 내보내기 위해 소박한 공동생활과 희생을 특별히 받아들였다. 마리아는 칼뱅파 집안에서 성장했다. 칼뱅파란 개신교의 한 종파로, 경솔함과 허영심을 뿌리 깊이 불신했다. 마리아는 라바디스트 교리의 순결함에 마음이 끌렸던 것 같다. 하지만 발타성으로 이사하면서 마리아는 그 당시 여자들에게 허락된 흔치 않은 자유도 누렸다. 그건 바로 종교의 자유였다. 1600년대에 종교적 은둔을 선택한 것은 견딜 수 없는 현실, 즉 고통스러운 결혼 생활에서 탈출할 수 있는 방법이기도 했다.

마리아는 라바디스트의 인쇄소에서 튼튼한 공책을 하나 얻었다. 거기에다가 지난 20년 동안 곤충을 연구하며 적은 것들을 천천히 베껴 적었다. 맞은편 페이지에는 밀랍으로 파란색 종이틀을 붙인 뒤, 거기에 맞는 수채화를 끼워 넣었다. 그리고 몇몇 페이지는 앞으로 써 넣을 관찰과 메모를 위해서 비워두었다. 마리아가 어떤 인생을 살든지 간에, 이 '연구 공책'은 마리아의 과학적 유산이 될 것이다.

봄이 오자 마리아는 가만히 있기 힘들었다. 마음이 온통 애벌레에게 가 있었기 때문이다. 마리아는 성 주변을 둘러싼 습지와 목초지를 조사하다가 처음 보는 곤충들을 발견했다. 얼마 안 있어 그 곤충들을 또 채집하게 되자, 마리아는 그것에 대한 설명과 그림을 연구 공책에다 추가로 넣었다. 그리고 나비와 나방을 잡아서 그 둘의 차이점을 연구했다.

마리아는 조사하면서 찾아낸 것들을 기록하기 위해 자신의 연구 공책에다 이런 그림들을 그렸다(왼쪽 그림은 모사본임). 목탄으로 하지 않고 끝이 뾰족한 붓에 물감을 묻혀서 색칠했다. 그리고 깊이감과 세밀함을 위해 물감을 여러 겹 칠했다. 오른쪽 위에 있는 건 사슴벌레Lucanus servus이고, 그 아래에 있는 건 사과나무나방Odonestis pruni과 그것의 고치, 그리고 애벌레다. 잎사귀에 있는 건 갈색집나방Ochrostigma velitaria과 그 애벌레다.

나방과 나비의 비교

산누에나방Hyalophora cecropia의 수컷으로, 통통한 몸에 털이 많고 더듬이는 깃털처럼 생겼다.

마리아는 나방을 '올빼미새'라고 불렀다. 대부분 밤에 날아다녔기 때문이다. 반면 '여름새'나 '두 쌍의 날개'로 불린 나비는 낮에 날아다녔다. 나방과 나비는 똑같이 '나비목'으로 분류되고 생활 주기도 비슷하지만, 겉모습과 습성에서 약간 다르다.

- 나비는 전부 낮에 날아다닌다. 나방은, 전부는 아니지만 대부분 밤에 날아다닌다.
- 나방은 더듬이가 깃털처럼 생겼고, 특히 수컷이 더 그렇다. 나방은 이 더듬이로 어둠 속에서 서로의 존재를 감지한다. 나비의 더듬이는 가는 실처럼 생겼고 끝이 뭉툭하다.
- 나방의 몸통은 나비보다 두툼하고 털이 많다. 가끔은 다리에도 털이 나 있다. 나비의 몸통과 다리는 가늘고 매끈매끈하다.

붉은제독나비Vanessa atalanta는 날씬한 몸에 가는 실처럼 생긴 더듬이가 있다.

· 나방의 애벌레 중에는 털에 독이 있는 것도 있어서 만질 때 조심해야 한다.

· 나방의 번데기는 대체로 비단실로 된 고치 속에 있다. 나비의 번데기는 그런 거 없이 외피에 싸여 나뭇가지에 매달려 있고, 그 색깔과 질감을 나무와 비슷하게 해서 위장하는 경우가 많다.

마리아는 파충류와 양서류도 자세히 관찰하기 시작했다. 이들의 변태도 사람들에게 거의 알려지지 않았다. 마리아는 개구리를 해부하고 그 알을 키우면서 각각의 단계들을 기록했다.

"며칠 후, 그 검은 점들은 생명의 징후를 보이기 시작했다. 그리고 실제로
그것들은 주변을 둘러싼 하얀 점액질을 먹고 있었다.
그런 뒤에 작은 꼬리가 나오더니 물속에서 물고기처럼 헤엄을 쳤다.
5월 중순이 되자 눈이 생겼고, 8일 후에는 작은 뒷다리 두 개가 나왔다.
그리고 또 8일이 지난 후에는 앞다리 두 개가 나왔다. 그러자 꼭 작은
악어처럼 보였다. 나중에 꼬리가 사라지고 땅 위로 폴짝 뛰어오르자 비로소
개구리처럼 보였다."

마리아 메리안

마리아는 언제나 더 많은 것을 알고 싶어 했다. 라바디스트의 여행자들이 발타성을 방문해서 다른 나라의 색다른 생물들에 대해 알려주었다. 발타성의 주인인 코넬리스 판 좀멜스다이크는 그 성에 있지 않고, 바다 건너 남아메리카 대륙에서 라바디스트의 공동체 건설을 도왔다. 거기는 '수리남'이란 곳으로, 수목이 무성하고 위험한 곳이었다. 전에 수리남으로 떠난 이주자들이 밀림에서 몇 년 동안 있다가 비틀거리며 발타성으로 돌아왔고, 마리아는 그들이 전해준 무성한 정글과 떼로 몰려다니는 곤충 이야기를 들었다. 그리고 판 좀멜스다이크가 개인 수집용으로 두기 위해서 배에 실어 발타성으로 보낸, 하늘색의 거대한 나비 표본들을 자세히 들여다보았다. 마리아는 궁금했다. 저 나비들은 대체 어떤 애벌레에서 나왔을까? 그 애벌레들은 무엇을 먹었을까? 그리고 나무 꼭대기에 숨어서 자신이 발견되기를 기다리는 나비들은 또 얼마나 많을까?

마리아는 개구리의 생애 주기, 즉 알과 올챙이, 성인 개구리 단계를 완전하고 정확하게 보여준 거의 최초의 박물학자였다. 그래서 개구리는 진흙에서 바로 튀어나온다는 일반적인 믿음, 다시 말해 '자연발생설'을 떨쳐버리는 데 도움을 주었다.

핀으로 고정된 위의 표본은 수리남의 블루몰포나비다.
이 나비 종은 이후 1758년에 칼 린네가 'Morpho menelaus'라고 명명했다.
이 표본은 마리아 지빌라 메리안의 것으로 추정되는 수집품의 일부분이다.

그 무렵, 새로운 걱정거리가 발타성의 문을 두드렸다. 마리아의 남편 요한 그라프가 나타나서 마리아에게 다시 집으로 돌아오라고 요구한 것이다. 독일 법에 따르면 아내는 남편의 요구대로 해야만 했다. 하지만 마리아는 남편이 있는 뉘른베르크로 돌아가고 싶지 않았다. 마리아는 그라프가 라바디스트의 신념을 받아들이지 않았기 때문에, 그라프와의 결혼은 신이 볼 때 더 이상 타당하지 않다고 주장했다. 라바디스트의 원로들은 마리아의 의견에 동의했다. 몇 달이 힘겹게 지난 뒤, 그라프는 발타성을 떠나 마리아와 이혼하고 다른 사람과 재혼했다. 마리아는 결혼 전의 성을 되찾았다. 그래서 다시 한번 메리안이 되었다.

다른 한편, 라바디스트의 공동체 생활은 파탄에 이르렀다. 종교 지도자들은 서로 티격태격 말다툼을 벌이다 떠났고 공동체 살림살이는 빠듯했다. 마리아의 이복오빠 카스파르와 노쇠한 엄마가 세상을 떠나자, 마리아는 지나온 인생을 차분히 돌아보았다. 마리아는 발타성에서 6년 동안 살았고, 그새 마리아의 두 딸은 다 성장했다. 요한나는 스물세 살이고 도로테아는 열세 살이었는데, 당시 그 나이면 성숙한 여성으로 여겨졌다. 마리아의 훈련 덕분에 두 딸은 나름대로 숙달된 예술가이자 신예의 박물학자였지만, 다른 면에서는 심하게 제한되어 있었다. 발타성에서 도로테아는 성경과 라바디스트의 교리 수업만 들을 수 있었다. 그리고 그 교파의 '이모'와 '삼촌'들이 이따금 도로테아를 호되게 질책하고 채찍질을 가했다. 요한나는 결혼하고 싶어 했지만, 라바디스트의 교리가 그것을 엄격히 제한했다.

마리아는 네덜란드의 항구 도시이자 유럽의 상업과 예술, 과학의 중심지인 암스테르담으로 시선을 돌렸다. 암스테르담에는 전 세계의 환상적인 동물과 곤충들이 모여 있었다. 그리고 외국의 식물로 가득 찬 정원과 온실들도 많이 있었다. 어쩌면 마리아의 애벌레 책 두 권을 읽은 수집가들이 마리아의 수채화를 사고 싶어 할지도 몰랐다. 아니, 마리아가 주의해서 가공하고 보존한 애벌레와 나비의 표본들을 사고 싶어 할지도 몰랐다. 어쩌면 화가들은 마리아가 전문가 못지않은 솜씨로 준비한 안료를 필요로 하고 있을지도 몰랐다.

마리아와 두 딸은 그림을 그리고 팔아서 살아갈 수 있을까? 마리아는 두 딸을 먹여 살리면서 자신의 열정도 기울일 수 있는, 그런 기회를 잡을 수 있을까?

마리아는 한번 시도해보기로 결심했다. 그래서 두 딸을 데리고 미술용품과 소중한 연구 공책을 챙겨 암스테르담의 남부 지역으로 떠났다.

천천히

젖은 날개를 폈다.

위아래로

힘껏 퍼덕였다.

화려하고 부드러운

돛을 올리고서

바람을 모았다.

비행 전에 날개를 펴서
말리고 있는 나비

10장: 확장

1691년, 네덜란드 암스테르담

발타성에서 은둔생활을 하고 나온 마리아에게 암스테르담은 세계의 중심처럼 느껴졌을 것이다.

마리아의 집은 비젤스트라트에 있었는데, 암스테르담의 3대 운하 중 하나와 가까웠다. 마리아는 현관문 앞에서 그 특유의 배릿한 바다 냄새를 맡을 수 있었다. 각양각색의 물건을 파는 상인들의 소리도 들을 수 있었고, 거리에서 북적이는 다양한 사람들을 지켜볼 수도 있었다. 부두로 가면 먼 항구에서 온 무역선들이 향신료와 설탕, 커피, 비단을 내

마리아는 이렇게 생긴 운하 근처에서 살았다. 운하는 운송과 상업에 사용되었다. 「암스테르담의 풍경」, 얀 판 데르 헤이덴, 1670년.

리는 모습도 볼 수 있었다. 그리고 그 화물 상자들 사이로 낯선 표본들이 얼핏 보였다. 거기엔 잘 보존된 도마뱀과 뱀, 외국의 나비들이 있었고, 심지어는 살아 있는 악어와 코끼리까지도 있었다. 마리아는 전문 도서로 가득한 도서관을 방문하고, 동료 곤충학자와 수집가, 예술가들을 찾을 수 있었다. 또한 옛 친구들과도 다시 연락을 주고받을 수 있었다. 마리아는 전에 뉘른베르크에서 수강생으로 있었던 클라라 임호프에게 진홍색 물감을 보냈다.

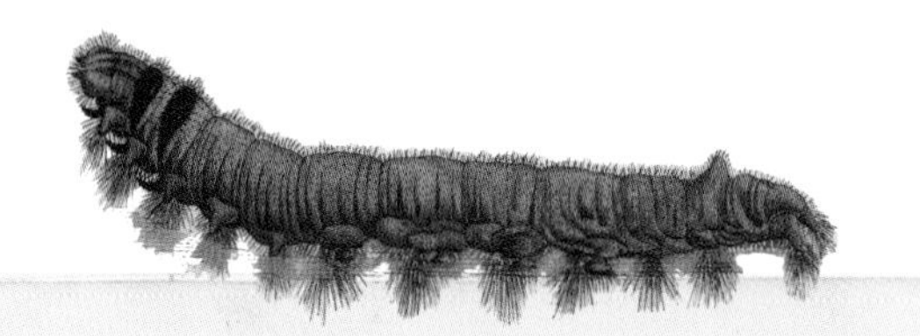

"어쨌든 한동안은 너한테 더 잘해주고 싶어…… 여러 해 동안 내 소중한 친구들의 소식을 듣지 못했기 때문이지. 특히 뉘른베르크에서 사귀었던 친구들은 더 그래. 고백하자면, 친구들로부터 어떤 이야기를 듣거나 또 친구들이 어떻게 지내는지 알게 되면 나는 무척 행복할 거야. 그리고 과연 내가 그만한 자격이 되는지 모르겠지만, 네가 친절을 베풀어 몇 줄이라도 적어 보내주면 정말 고마울 거야."

마리아 메리안

가장 중요한 것은 네덜란드의 법률이 여성에게 좀 더 호의적이었다는 사실이다. 그래서 마리아는 직접 가게를 열고 견습생을 훈련시키고 원하는 건 뭐든 그릴 수 있었다. 암스테르담에서는 모든 것이 가능해 보였다.

하지만 해야 할 일은 훨씬 더 많았다.

마리아와 두 딸은 가게를 차리고, 물감 원료를 갈아서 안료로 만들고, 잘 보존시킨 나비와 번데기의 상자들을 진열했다. 마리아 가족이 살아남으려면 고객과 후원자, 수강생들을 찾아야 했다. 마리아는 희귀한 열대 식물을 능숙하게 기르는 아그네타 블록 같은 부유한 수집가들을 찾아냈고, 블록은 마리아를 자신의 정원과 온실에 초대했다. 그곳은 전 세계에서 온 식물들로 가득했다. 블록은 서인도 제도에서 가져온 파인애플에서 꽃을 피우고 열매를 맺게 한 최초의 유럽인으로 유명했다. 마리아는 비늘 모양의 갈색 몸뚱이에 "작고 뾰족뾰족한 가시"가 나 있는 파인애플을 보고 경탄했다. 두 여성 사이의 유대는 점점 더 돈독해졌다. 블록은 마리아와 요한나를 고용해 자신이 모은 식물들을 그림으로 기록하도록 했다.

마리아는 다른 곳에도 방문해 다양한 수집품들을 보았는데, 그런 수집품들을 모아 놓은 상자를 흔히 '호기심 보관함'이라 불렀다. 그중에는 암스테르담 시장인 니콜라스 빗선의 것도 있었다. 빗선은 그 유명한 런던왕립학회의 회원으로, 그 학회는 유럽 최초의 '과학' 단체 중 하나였다. 마리아는 빗선의 보물들을 보며 감탄했다. 거기엔 산호와 곤충, 조개, 그리고 잘 보존된 동물과 귀중한 돌들이 있었다. 먼 남아메리카에서 온 화려한 나비와 나방들도 상자 안에서 반짝이고 있었다. 마리아는 종종 물감을 들고 거기로 가서 표본을 한두 개씩 그렸다.

암스테르담 외곽에 위치한 아그네타 블록의 온실에는 이렇게 생인 파인애플이 자랐을 것이다.
마리아와 친구가 된 블록은 최고의 온실과 정원을 갖고 있었다.

호기심 보관함: 최초의 박물관

유럽인들이 처음으로 먼 대륙을 발견하고 약탈하기 시작한 이후로, 선원들은 자신들이 발견한 기이하고 놀라운 물건들, 즉 조개나 광물, 새의 알, 뼈 같은 것들을 유럽으로 가져왔다. 네덜란드 회사들은 하루가 멀다 하고 무역선을 세계 곳곳으로 보냈기 때문에 암스테르담에는 이런 물건들이 넘쳐흘렀다. 돈 많은 재력가들은 이런 것들을 열성적으로 긁어모아서 친구들에게 과시했다. 자연의 경이로움을 수집하는 건 그 사람의 부와 지식, 고급 취향을 보여주는 상징이 되었다. 어떤 수집가들은 특별히 제작한 목재 보관함에 자신의 보물들을 전시했고, 어떤 수집가들은 방 하나를 그런 보물들로 꽉꽉 채웠다. 결국 가장 크고 최고인 수집품들은 주로 왕족이 소유했는데, 그곳은 현재 우리가 알고 있는 박물관이 되었다. 그리고 그런 수집품들은 거의 100년이 지난 뒤에야 대중에게 공개되었다.

당시 유럽에서는 이 '호기심 보관함'이 대유행이었다. 희귀하고 별난 물건일수록 사람들의 마음을 사로잡았다. 예를 들어, '용'의 배아를 담은 병 옆에는 '거인'의 뼈가 있었다. 하지만 진지한 학자들은 그런 수집품들 속의 다양한 표본들을 보고서 생명의 질서에 대한 자신들의 이론을 세우는 데 도움을 받았다. 마리아도 곤충을 연구할 때 암스테르담의 유명한 곤충 수집가들에게서 도움을 받았다는 사실을 인정했다. 그리고 거의 150년이 지난 뒤, 찰스 다윈은 해군측량선 비글호를 타고 해외를 항해하며 모은 방대한 수집품들을 이용하여 진화에 대한 자신의 생각을 밝혔다.

마리아가 암스테르담에서 본 '호기심 보관함'들 중 하나로, 네덜란드의 동인도 상인인 리비너스 빈센트가 소유했던 것이다(오른쪽 그림은 원화의 모사본임).

Pinac. 11.
Pinac. 12
N 14
N° 15

마리아는 이제 생계를 위해 일을 하는 직업 예술가였다. 즉, 다른 사람들을 위해서 그림을 그리고 표본을 만들어 팔았다. 마리아는 어떤 생명체라도 채집하게 되면 그것을 재빨리 처리해서 팔았다. 클라라에게 보내는 편지에서, 마리아는 표본을 잘 보존하려면 어떻게 해야 하는지 덤덤하게 설명했다. "뱀 같은 동물들은 보통 브랜디를 가득 채운 병에 담아. 그런 다음 병 입구를 나무로 꽉 막지. ……나비를 재빨리 죽이고 싶으면, 우선 바늘 끝을 불에 대어 뜨겁게 달궈야 해. 그런 다음 나비에 바늘을 찌르면 금방 죽어. 날개는 전혀 손상되지 않지."

마리아의 노고는 곧 결실을 보았다. 몇 년도 채 안 되어, 마리아는 작은딸 도로테아와 더 큰 집으로 이사 갈 수 있었다. 요한나는 야콥 헨리크 헤롤트와 결혼했는데, 전에 라바디스트였던 헤롤트는 수리남과 무역 거래를 하는 상인이었다. 요한나는 마리아에게서 배운 기술이 있었기 때문에 엄마의 도움 없이도 암스테르담에서 예술과 관련된 일을 시작할 수 있었다.

이렇게 분주하고 현대적인 도시에서, 마리아는 이제 예술가로서 그리고 여성 사업가로서 독립적인 생활을 했다. 학자와 의사, 식물학자들이 새로운 발견을 공유하려고 마리아를 찾았다. 마리아는 바쁘게 활동적으로 살았지만 그녀 자신이 제일 좋아하는 일, 바로 관찰과 발견은 거의 하지 못했다. 마리아는 시간이 남으면 애벌레들을 채집하고 그것들의 변태 과정을 기록하려고 노력했다. 새로운 형태로 계속 순환하는 곤충의 변태는 여전히 마리아의 마음을 끌어당겼다. 하지만 딸을 먹여 살려야 하는 독신 여성으로서, 마리아는 그런 탐구를 할 시간이 거의 없었다. 마리아의 연구 공책에 적히는 글이 점점 줄어들더니 어느 순간 완전히 사라졌다.

마리아는 먼 곳에서 온 이국적인 나비들을 들여다보았다. 그 나비들은 죽었는데도 화려하게 반짝이고 있었다. 마리아는 그 나비들에 대해 좀 더 알아보고 싶다는 갈망이 또 생겼다. 이렇게 화려한 나비들은 어디서 살고, 어떤 식물을 먹었을까? 과연 어떻게 성장하고 변화했을까?

마리아는 몇몇 사람들의 말을 의심쩍게 여겼다. 그 사람들이 이르기를, 열대 지방에서는 물이 땅에 떨어질 때 두꺼비가 마법처럼 나타나고, 식물은 자연적으로 애벌레로 바뀌며, 나방은 새로 변한다고 했다. 그러면서 그곳 날씨가 아주 무더운 야생 지역이라 그런 거라고 했다.

암스테르담에서 마리아는 이와 같은 나비 수집품을 봤을 것이다.
여기엔 전 세계에서 온 나비 표본들이 들어 있다.

마리아는 열대 지방의 생물들도 별반 다르지 않을 거라고, 다시 말해 자신이 유럽의 수많은 생물 종에서 발견한 변화의 과정을 그 생물들도 똑같이 따를 거라고 생각했다. 마리아는 수많은 곤충 수집품들을 뒤지고, 셀 수 없이 많은 표본들을 들여다봤다. 그렇지만 마리아가 찾는 답을 줄 수 있는 사람은 아무도 없었다. 나비와 그것의 번데기를 연결시킬 수 있는 사람도 없었고, 그 다양한 애벌레 표본들이 무엇을 먹었는지, 혹은 그 애벌레들이 어떻게 성장했는지 기록한 사람도 없었다.

> "그 수집품들에서 나는 수많은 곤충을 보았다. 하지만 아무리 봐도 그것들이 있었던 장소와 재생산된 방법, 즉 그것들이 어떻게 애벌레에서 번데기 같은 것들로 변했는지는 알 수 없었다."
>
> 마리아 메리안

전에도 그랬듯이 확실히 알고 싶은 게 있다면 마리아 스스로 그것을 알아내야 할 것이다.

마리아는 수리남으로 떠나야겠다는 생각이 점점 더 깊어졌다. 남아메리카의 그 나라는 야생 지역이어서 사람이 살기에 적당치 않다는 소문이 자자했다. 하지만 마리아는 자신의 사위와 전에 라바디스트였던 사람들을 통해서 수리남의 네덜란드 이주민들과 연락을 나누었다.

1700년경의 세계 지도. 마리아의 항해 경로를 보여주고 있다.

마리아는 과연 해낼 수 있을까? 혼자서 여행 경비를 마련할 수 있을까? 순전히 과학적인 임무를 완수하기 위해 아메리카 대륙으로 여행을 떠난 사람은 아무도 없었다. 확실히, 남자 동료나 후원자를 동반하지 않고 혼자 여행한 여자는 없었다. 과연 마리아는 해적이나 난파, 질병 같은 아주 현실적인 위험을 무릅쓰고 세상의 반을 돌아서 잘 알려지지 않은 야생의 땅을 마주할 수 있을까?

빙글빙글

돌아가는 하늘은

얼마나 광대한지!

스스로 키워낸

이 날개는

얼마나 튼튼한지!

비행 중인 나비

11장: 비행

1699년, 남아메리카 수리남의 파라마리보

늦은 여름, 마리아와 스물한 살의 작은딸 도로테아는 바다에서 두 달 동안 있었다. 그리고 남아메리카의 북쪽 해안에 있는 수리남으로 미끄러지듯 들어갔다. 마리아와 도로테아는 정말 믿기 어려운 바다 여행을 했다. 맹렬한 폭풍우도 만나고, 물 위로 뛰어오르는 날치와 고래도 보고, 커다란 물굽이를 그리는 파도가 햇빛에 반짝이는 모습도 보았다. 그들은 또한 수리남으로 떠나기 전에 몇 달 동안 계획을 세웠다. 유언장을 만들고, 250점이 넘는 그림을 팔아 여행 경비를 마련하고, 필요한 물건들을 샀다. 그리고 과학적 탐구를 위해 여자 둘이 남자 동행인 없이 떠나는, 이 놀라운 여행 앞에 놓인 수많은 장애물들을 극복했다.

이 여행은 결코 안락할 수 없었다. 돛대가 셋인 범선 안의 선실은 매우 좁았고 여행용 짐과 물품들로 항상 어수선했다. 식사는 제때 나왔지만 좀 빈약했다. 소금에 절인 돼지고기와 눅눅한 비스킷, 그리고 선원들이 잡은 이름 모를 생선들이 나왔기 때문이다. 폭풍우를 만날 때마다 마리아와 도로테아는 난파선과 재난에 대한 무수한 이야기들을 떠올렸을 것이다. 하지만 그중 어떤 것도 마리아의 실험을 막지는 못했다. 마리아는 검은머리애벌레 몇 마리를 상자에 담아서 배에 탔고, 그 안에 사시나무 잎사귀를 넣어주며 자신의 연구 공책을 채워나갔다.

1700년의 수리남 지도

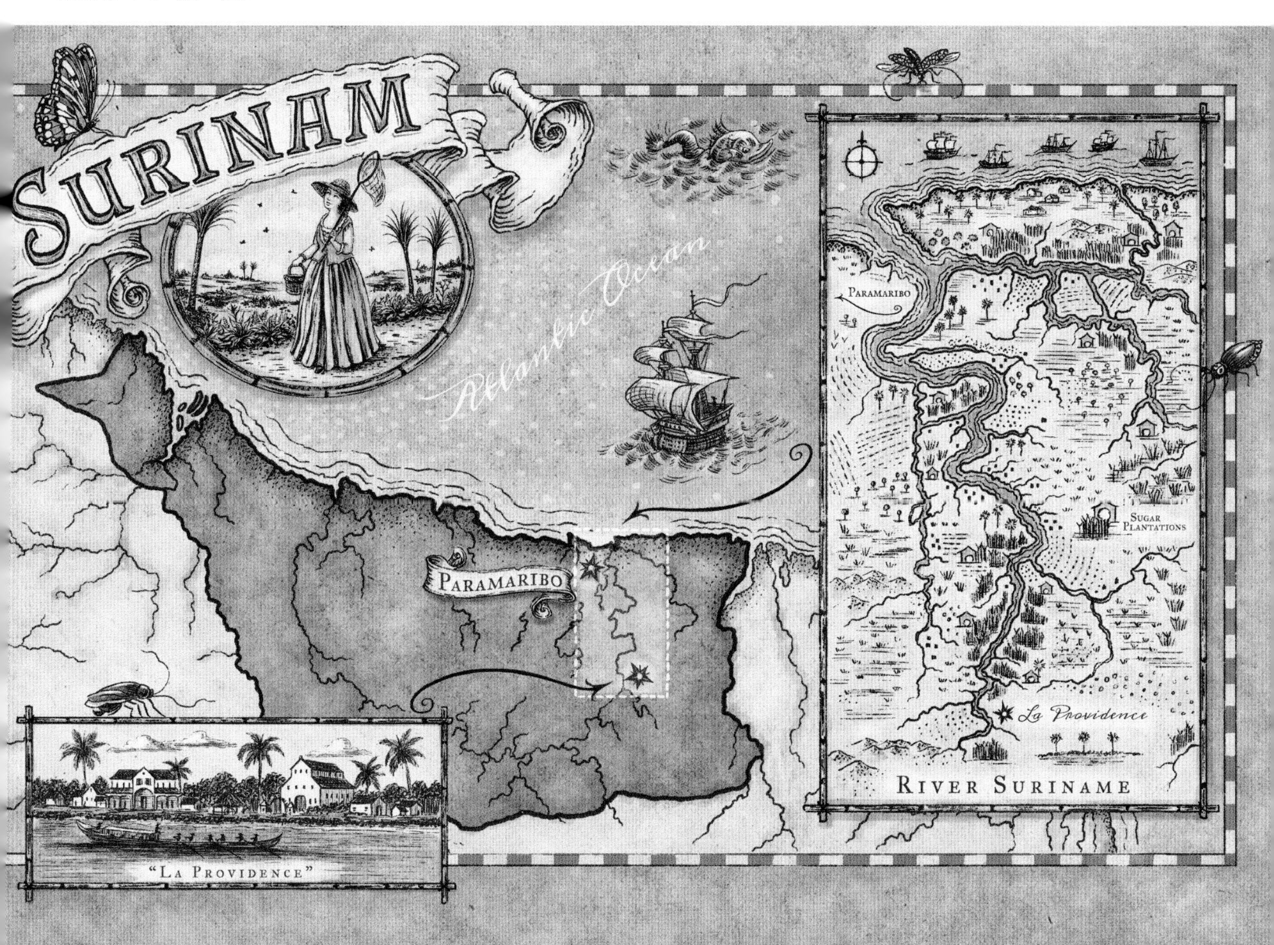

이제, 마리아와 도로테아 앞에는 복잡하게 뒤엉킨 맹그로브 나무 사이를 거닐고 있는 화려한 물새 떼들이 있었다. 꺼멓게 드러난 갯벌 사이로 수리남강이 흘러나왔고, 마리아와 도로테아는 그 강줄기를 거슬러 올라가 파라마리보라는 개척 도시로 갔다.

네덜란드령 가이아나로 알려진 수리남은 무척 아름다우면서도 마리아를 심란하게 했다. 맑은 햇살이 꽃과 새, 곤충을 어루만지지만 그 열기는 마리아의 숨을 탁탁 막히게 했다. 파라마리보의 하얀 목조 집들은 잘게 부서진 조개껍데기로 포장된 길을 따라 네덜란드 식으로 질서정연하게 늘어서 있었다. 하지만 부두는 작열하는 태양 아래서 낙인찍히고 사고 팔리는 아프리카 노예들의 울부짖는 소리로 가득했다. 얼마 안 있어 마리아는 수리남이라는 그 식민지가 단 하나의 목적을 위해 존재한다는 것을 알게 되었다. 그건 바로 설탕을 재배하고 수확하는 일이었다. 사탕수수 농장에서는 아프리카에서 온 노예들과 아라와크 인디언 원주민들이 일했다. 그들은 네덜란드와 포르투갈의 농장주들에 의해서 강제로 동원되었다. 그렇게 운영되는 사탕수수 농장은 사방으로 뻗어 나갔고, 아프리카 노예들이 그런 무자비한 사탕수수 농장에서 벗어나기란 불가능했다. 그들이 사탕수수를 자르고 찧고 끓인 뒤 그것을 끈적이는 통에 부으면, 그 통과 함께 유럽으로 보내졌기 때문이다.

마리아는 가능한 그 사탕수수 농장주들과 거리를 두었다. 그리고 집을 한 채 빌려 정원을 크게 가꾸면서 애벌레를 발견하고 기르는 일에 몰두했다.

「수리남의 대농장」, 더크 발켄버그, 1707년. 그림 전경에는 아메리카 원주민 몇 명이 보이고, 뒤에 지평선을 따라서는 농장 주인의 거주지가 보인다.

수리남의 노예

서인도 제도의 농장에서 설탕을 생산하기 위해 일하는 아프리카 노예들.
1590년에 테오도르 드 브리가 그린 그림에 기초했다.

네덜란드 식민지였던 수리남에서의 노예 역사는 아주 길고 잔혹했다. 사탕수수밭을 일구기 위해서, 네덜란드와 포르투갈의 농장주들은 처음에 아메리카 원주민들을 노예로 만들려고 했다. 하지만 원주민들의 불만이 쌓이고 탈출도 많아지자 결국 그런 시도는 금지되었다. 그렇지만 식민지 개척자들은 값싸고 쉽게 교체되는 노동력을 무척이나 원했다. 그래서 1600년대 중반에 거의 8,000명이나 되는 아프리카인들을 아프리카 대륙의 서쪽과 남쪽 지역에서 데려왔다. 암울하지만 수익성이 좋은 이 '무역 삼각지'에서, 네덜란드 배들은 옷감이나 술, 총 같은 물건들을 가득 싣고 네덜란드를 떠나 아프리카 서부 해안으로 항해했다. 그런 다음 그 물건들을 금과 노예로 교환했다. 아프리카 노예들은 사오백 명씩 사슬로 묶인 채 공기도 안 통하는 화물칸에 실려 폭풍우 치는 대서양을 건넜다. 많은 사람들이 그 항해에서 살아남지 못했다. 일단 그 배가 수리남에 도착하면, 노예들은 경매에서 농장주들에게 팔렸다. 그런 다음 그 '노예'들은 설탕 통과 함께 배에 실려 유럽으로 보내졌고, 이 잔인한 과정이 다시 시작되었다.

설탕 농장에서의 일은 매우 힘들었을 뿐만 아니라, 노동자들은 비인간적인 대우를 받았다. 많은 아프리카인들이 영양실조나 과로, 혹은 체벌로 생긴 상처 때문에 죽었다. 그리고 그 빈자리는 배에 실려온 새로운 노예들로 손쉽게 대체되었다. '마룬'이라 불리는 탈출 노예들이 반란을 계속 이끌었고, 마침내 1863년 수리남에서 노예제가 폐지되었다.

마리아는 아라와크어와 네덜란드어가 섞인 그 지역 사투리를 서둘러 배웠다. 그러고는 집에 고용한 원주민 하인들에게 그곳의 곤충과 식물에 대해 이것저것 물어보았다. 마리아는 그들이 하는 말을 주의 깊게 들으며 열심히 기록했다. 곧 원주민과 아프리카 여성들이 나뭇잎과 벌레, 딱정벌레 등을 마리아에게 갖다 주며, 그곳에서는 그것들을 어떻게 사용하는지 설명해주었다. 마리아가 그 여성들의 삶을 알게 된 것은 무척 매혹적인 일이었지만, 동시에 마리아를 경악에 빠트렸다.

> "네덜란드인에게서 대우를 제대로 받지 못하는 아메리카 원주민들은 이 씨앗을 이용해 자기 아이를 유산시켰다. 아이들이 커서 자신과 같은 노예가 되지 않도록 말이다. 기니와 앙골라에서 온 흑인 여성 노예들은…… 그들이 받는 가혹한 처우 때문에 이따금 자살하기도 했다. 그렇게 하면, 고국에서 다시 자유롭게 태어날 거라고 확신했기 때문이다. 이것은 그들이 내게 직접 해준 이야기다."
>
> 마리아 메리안

그 당시 유럽의 백인 여성으로서, 마리아는 노예 제도를 식민지 생활의 일부로 여겼을지도 모른다. 그리고 수리남에 있는 동안 노예를 다른 곳에서 빌려왔을지도 모른다. 식물을 심고, 표본을 모으고, 정글을 여행하는 데 도움을 준 사람으로 '하인'과 '노예' 둘 다를 언급했기 때문이다. 하지만 마리아는 당시의 식민지 개척자들과는 달랐다. 그들은 아프리카인과 아메리카 원주민들이 "거칠고, 야생적이며, 벌거벗고 돌아다닐 뿐만 아니라, 신이나 종교에 대한 의식도 없는 사람들"이라고 믿었다. 그런 사람들과 달리, 마리아는 아프리카인이나 아메리카 원주민들의 관습과 전통을 받아들였다. 마리아는 그들의 음식을 맛보고, 그들의 의례를 관찰하고, 그들의 의복에 감탄했다. 마리아는 수리남 원주민들의 목화 사용에 대해 이렇게 썼다. "그 원주민들은 목화의 초록 잎을 상처에 붙여서 열을 내리고 상처를 치유했다." 캐슈애플에 대해서는 또 이렇게 썼다. "그것을 구우면, 설사를 치료하고 벌레를 쫓아내는 데 좋다. 그리고 밤 맛이 난다." 마리아는 원주민 여자애들이 "암브레트의 씨앗을 비단실로 엮은 다음 그것을 팔에 묶어서 몸을 예쁘게 꾸민다"고 기록하기도 했다. 또한 로쿠 나무에서 얻은 붉은 가루로 "원주민들은 벌거벗은 몸에 여러 형상을 그려서 몸을 치장한다"고 적었다.

하지만 마리아가 수리남으로 떠난 주요 목적은 곤충을 기록하는 거였다. 그리고 그 곤충의 수는 실로 어마어마했다. 마리아가 보는 곳마다 놀라운 생명체들이 부화하고 자라고 변했다. 그 생명체들은 나무에서 떨어지거나, 고치에서 꿈틀거리며 나오거나, 마리아가 그림을 그릴 때 그 주변을 윙윙거리며 날아다니기도 했다. 어떤 애벌레는 거대하고 피부가 매끄러웠다. 어떤 애벌레는 연약한 뿔들이 나뭇가지처럼 뻗어 나오기도 했고, 또 어떤 애벌레는 탈피할 때마다 색깔이 바뀌기도 했다. 그리고 이리저리 날쌔게 움직이며 서로 매달리는 애벌레들도 있었지만, 느릿느릿 움직이며 그저 먹기만 하는 애벌레도 있었다.

어떤 나비들은 반질반질 윤이 나는 과일나무 위로 이리저리 훨훨 날아다녔는데, 그건 마리아도 처음 보는 것 같았다. 어떤 나비들은 마리아의 손바닥보다 컸고, 어떤 나비들은 새보다도 빨랐다. 마리아는 돋보기로 나비의 날개를 들여다보았다. 그리고 비늘 같은 것들이 "울긋불긋한 닭의 깃털처럼" 규칙적인 형태로 쭉 겹쳐져 있다는 걸 발견했다.

수리남의 다양한 곤충들에 무척 기뻤던 마리아는 쐐기나방의 애벌레(왼쪽)부터 타란툴라(오른쪽)까지 전부 정성 들여 그렸다. 여기 있는 곤충들은 나중에 과학자들이 다음과 같이 확인해주었다(위의 두 그림은 모사본임).

1. 올빼미나비Opsiphanes quiteria
2. 박가시나방과 그 번데기, 그리고 초록 애벌레Manduca sexta
3. 이세벨나비Delias hyparete
4. 팔랑나비Hesperiidae
5. 쐐기나방Megalopygidae의 애벌레

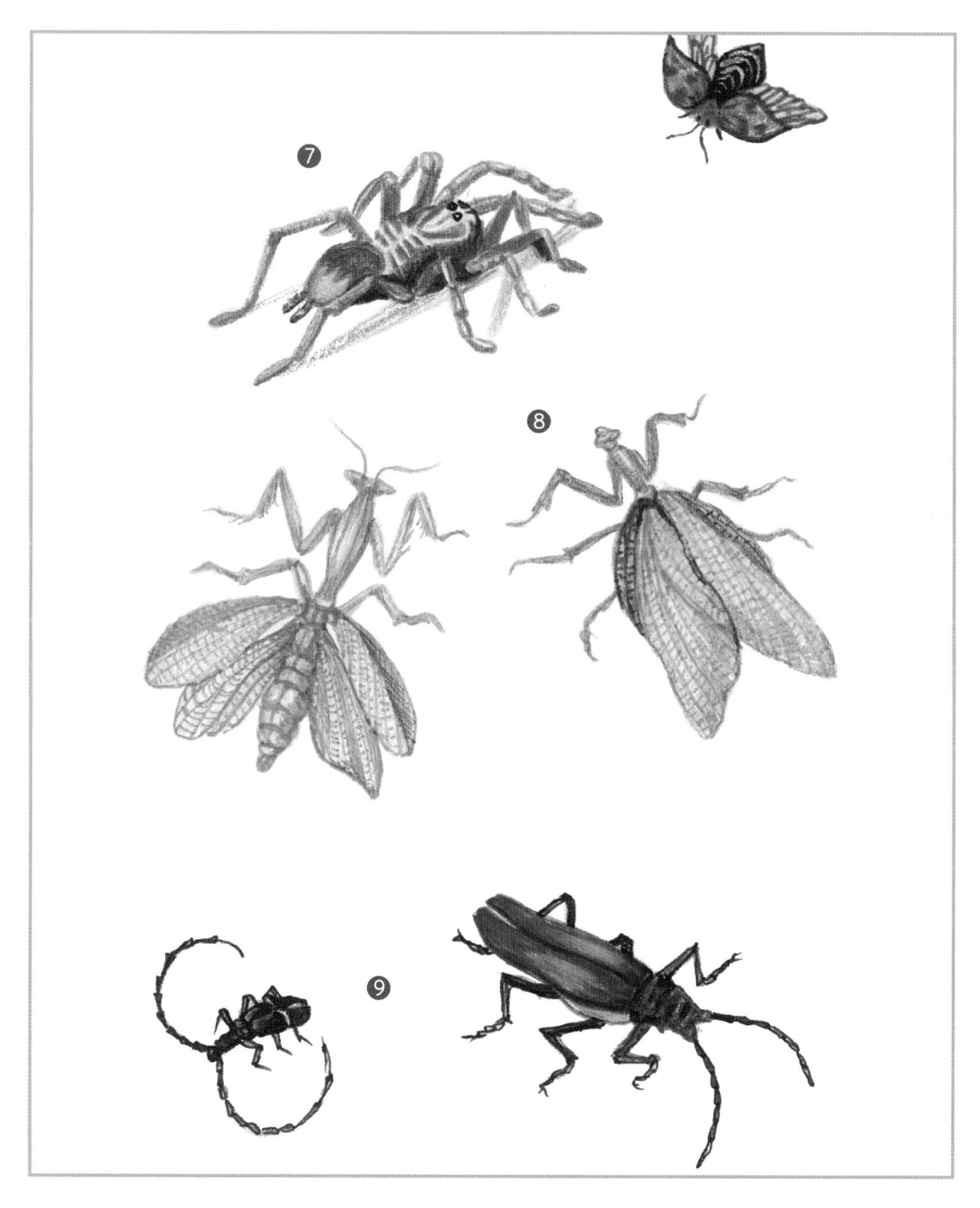

6. 뿔매미Membracidae

7. 분홍발톱타란툴라Avicularia avicularia

8. 사마귀Stagmatoptera 두 마리

9. 하늘소Cerambycidae 두 마리

블루몰포나비Morpho menelaus를 근접 촬영한 사진

"어느 날 나는 멀리 떨어진 황무지를 돌아다녔다. ……그 애벌레를 데리고 집으로 왔다. 애벌레는 얼마 안 있어 연한 나무 색깔의 번데기로 변했다. 마치 나뭇가지가 놓여 있는 것 같았다. 2주 후…… 아름다운 나비가 나왔다. 광택이 나는 은색 위에 가장 사랑스러운 군청색과 보라색을 덮어씌운 것 같았다. 정말 형언할 수 없이 아름다웠다. 그 아름다움은 결코 붓으로 표현될 수 없을 것이다."

마리아 메리안

그곳 식물은 마리아의 마음을 사로잡았다. 마리아가 아그네타 블록의 온실에서 처음 본 파인애플이 수리남 여기저기서 자랐고, 그것은 천상의 맛을 자랑했다. "마치 포도, 살구, 앵두, 사과, 배를 섞은 것처럼 맛이 절묘하다. ……파인애플을 자르면 방 안은 온통 그 향으로 뒤덮인다." 껍질이 두꺼운 바나나와 재스민의 톡 쏘는 향, 파파야의 검은 씨앗, 그리고 바닐라의 야리야리한 꼬투리들이 마리아를 깜짝 놀라게 했다. 식민지 개척자 동료들 중에서 마리아에게 이런 식물에 대해 알려줄 수 있는 사람은 아무도 없었다. 그들은 사탕수수가 주는 이익만을 신경 썼다.

이 파파야처럼, 마리아는 수리남에서 찾은 새로운 과일들을 맛보고 그림 그리는 걸 무척 좋아했다(왼쪽 그림은 원화의 모사본임).

"그 사람들은 뭔가를 조사하려는 욕구가 없었다. ……정말로, 그들은 나를 비웃었다. 내가 그 나라에서 설탕 말고 다른 것들을 살폈기 때문이다."

마리아 메리안

마리아는 고립되어 생활했지만 결코 지루하지 않았다. 어느 날 밤, 마리아와 도로테아가 무더운 열대의 어둠 속에서 잠을 자고 있을 때였다. 집 안에서 뭔가 요란하게 달그락거리며 윙윙거리는 소리가 들렸다. 두 사람은 촛불을 켜고서 소리가 나는 쪽으로 갔다. 소리는 수집품 상자들 중 하나에서 났다. "우리는 놀라서 상자를 열었다. 그런데 그 다음, 더 놀라서 그것을 바닥에 내동댕이쳤다. 상자를 열었을 때 그 안에서 불꽃같은 광채가 흘러나왔기 때문이다. 여러 마리의 생물체와 여러 개의 불빛이 상자 밖으로 나왔다. 우리는 마음을 진정시키고 그 생물들을 다시 주워모았다. 그리고 그 빛의 강렬함에 매우 놀랐다."

마리아 옆에는 강하고 용감하고 잘 훈련된 딸이 있었다. 하지만 무더운 여름이 끝없이 이어지는 이 나라에선 버티는 것조차 버거웠다. 끈적끈적한 열기가 마리아를 짓눌렀다. 마리아와 도로테아는 여기저기 벌여놓은 실험들을 가까스로 따라갈 수 있었고, 그들이 유럽에서 썼던 세심한 방법들은 여기서 잘 통하지 않았다. 그리고 애벌레를 너무 많이 채집해서 그 애벌레들의 먹이를 하나하나 추적하기도 어려웠다. 만약 어떤 애벌레가 번데기로 되기 전에 죽는다면, 무성하게 우거진 수풀 속에서 그것과 똑같은 종의 애벌레나 그 애벌레의 먹이식물을 또다시 찾을 수 있다는 보장도 없었다. 애벌레들은 대체로 거의 다 똑같아 보였지만, 서로 다른 먹이를 먹고 매우 다른 성충으로 우화했다. 게다가 게걸스럽게 먹는 개미 군대가 우르르 몰려다니면서 마리아의 표본들을 먹어치우거나, 나무와 덤불을 "빗자루의 손잡이처럼 매끈하게" 남겨놓고 떠날 위험이 늘 도사리고 있었다. 마리아는 힘들게 번 돈을 이 여행에 다 쏟았다. 그런데 그 돈을 모두 회수할 수 있을 만큼 표본을 모으고 정리하고 스케치할 수 있을까?

왼쪽 중앙에 있는, 날개 달린 초록색 곤충은 매미Fidicina mannifera이다. 그리고 머리가 독특해 보이는 곤충은 악어머리꽃매미Fulgora laternaria라고 하는데, 여기서는 세 마리가 보인다. 마리아는 밤이 되면 이 악어머리꽃매미에서 빛이 난다고 했지만, 이 곤충은 빛을 내보내지 않는다. 그래서 마리아가 "불꽃같은 광채"라고 표현한 것은 아마도 촛불의 반사 때문에 그렇게 보였던 것 같다. 마리아는 이 악어머리꽃매미의 유충을 발견하지 못했다. 그림에 있는 유충, 즉 활짝 핀 꽃에 앉아 있는 유충은 매미와 악어머리꽃매미의 잘못된 조합이다. 원주민들이 마리아에게 이 둘이 서로 연관되어 있다고 확신시켜주었다.

마리아가 수리남에서 본 개미와 거미들이 그려져 있다. 서로 달라붙어서 '살아 있는 다리'를 만든 가위개미도 보이고, 벌새를 집어삼킬 수 있을 만큼 큰 타란툴라 거미도 보인다. 다윈이 『종의 기원』을 쓰기 150년 전에, 마리아는 생존을 위한 투쟁이 벌어지는 자연을 생생하게 보여주었다.

채집하고, 그림 그리고, 정신없이 메모하는 과정에서 마리아는 어지럽고 지치기 시작했다. 머리가 지끈지끈 아프고 체온은 오르락내리락했다. 무서운 열대성 열병에 걸린 걸까? 마리아는 어쨌든 나이가 쉰둘이나 되었다. 당시에는 기대 수명이 마흔 정도 되었기 때문에 마리아는 노인으로 여겨졌다. 평생을 활기차게 움직여온 마리아를 막을 수 있는 건 없었지만, 병에 걸리고 나서부터 마리아는 몸이 많이 쇠약해졌다.

그럼에도 불구하고 마리아는 계속 탐구하고 싶었다. 이런 기회가 다시는 오지 않을 거라는 걸 잘 알고 있었기 때문에, 마리아는 하던 연구를 멈추지 않았다. 더 많은 종을 기르고, 발견한 걸 확인하고, 모든 변화를 자신의 연구 공책에 글과 그림으로 남겼다. 무엇보다도, 마리아는 생물의 놀라운 변화 경로들, 즉 특정한 먹이식물에 놓여 있는 알에서부터 시작해 새끼벌레, 번데기, 성충으로 이어지는 그 경로들을 추적해서 알아내고 싶었다. 마리아는 이 이국적인 생물들조차도, 자신이 이미 철저하게 연구한 유럽의 애벌레들과 같은 주기를 따를 거라는 예감을 증명하고 싶었다.

마음이 조급해진 마리아는 위험을 무릅쓰고 파라마리보 너머 정글로 들어갔다. 칼을 휘둘러 수풀 사이로 길을 낼 일꾼들을 고용해서 말이다. 마리아와 도로테아는 강의 상류로 계속 거슬러 올라가 '신의 섭리'라는 뜻을 지닌 '라 프로비당스'로 갔다. 라 프로비당스는 이전에 라바다스트 공동체가 있었던 곳으로, 코넬리스 판 좀멜스다이크가 전에 마리아가 발타성에서 봤던 그 표본들을 채집했던 곳이다. 라 프로비당스에는 여전히 많은 라바디스트들이 살고 있었다. 하지만 그곳의 농장은 소름 끼치도록 조용하여 식민지에서의 생활이 얼마나 위험한지를 새삼 일깨워주었다. 몇 년 전 판 좀멜스다이크는 데리고 있던 노예들에게 살해되었고, 그 노예들은 대부분 정글로 사라졌다.

하얀마녀나방Thysania agrippina은 남아메리카의 열대 우림에 산다. 이 거대한 나방의 날개폭은 28센티미터나 된다.

마리아가 구미구타 나무에 있는 하얀마녀나방을 그린 그림이다. 나무에서 노란 송진이 새어 나오고, 하얀마녀나방의 애벌레와 고치도 보인다.

> "이 나라의 더위는 정말이지 너무 심했다. 그래서 큰 어려움 없이 일을 할 수 있는 사람은 없었다. 나 역시 죽을 고비를 넘기며 값비싼 대가를 치렀고, 그러한 이유로 나는 더 이상 그곳에 머물 수 없었다."
>
> 마리아 메리안

근처 어느 나무에서 마리아는 줄무늬가 있는 거대한 애벌레를 하나 발견했다. 마리아는 그 애벌레를 정성껏 돌봤다. 몇 주 뒤, 흰색과 회색이 정교한 무늬를 이루는 거대한 나방이 번데기에서 나왔다. 그 나방은 마리아가 본 나방들 중에서 가장 컸다. 원주민들은 그 나방을 '유령 나방'이나 '하얀 마녀'라고 불렀고, 그 나방의 날개는 마리아의 쫙 편 손바닥을 작아 보이게 했다.

그곳에는 정말 신기한 곤충들이 많았다. 더듬이가 채찍처럼 돌돌 말린 거대한 딱정벌레! 상자 모양의 몸통에 다리가 거미처럼 달린 애벌레! 보석을 작게 조각한 것처럼 생긴 번데기! 지치고 병들고 더위 때문에 기진맥진한 마리아는 도로테아의 도움을 받아 할 수 있는 한 많이 채집하고 그림을 그리려 애썼다.

마리아는 이 악어머리꽃매미Fulgora laternaria 같은 표본들을 조심스럽게 포장해 배에 탔을 것이다. 그래서 암스테르담에 있는 동료들에게 그것들을 보여주고, 그림을 그릴 때도 모델로 활용했을 것이다.

마리아는 수리남에 오랫동안 머무르고 싶었다. 그래서 유럽에서 그랬던 것처럼, 자신이 발견한 것을 전부 여러 번 반복 실험해 확실하게 확인해보고 싶었다. 하지만 열병이 점점 더 심해지자, 마리아는 한 해를 더 넘기기 힘들 거라는 걸 깨달았다.

겨우 스물한 달이 지난 뒤, 마리아는 마지못해 그동안 연구한 자료들을 전부 모았다. 거기엔 스케치로 가득한 공책들, 핀으로 고정한 딱정벌레와 나비, 나방들이 있었다. 열대 식물의 씨앗과 구근, 그리고 조심스럽게 눌러진 꽃들도 있었다. 마리아와 도로테아는 허둥지둥 급하게 애벌레와 파충류를 브랜디에 담가 보존시켰다. 그리고 살아 있는 고치와 도마뱀 알들도 서둘러 포장하며 몇 달 동안 항해를 하는 도중 그것들이 부화할지도 모른다는 희망을 가졌다.

1701년 6월 18일, 마리아와 도로테아는 네덜란드의 배 '드 브리드(평화)'호에 올랐다. 비록 지치고 아픈 데다 앞으로의 항해에 대한 두려움도 있었지만, 그들은 아주 귀중한 물건들을 운반하고 있었다. 그것은 식물과 동물의 생태계가 서로 방대하게 연결되어 있다는 것을 보여주는 증거로, 그 위대한 유럽의 지식인들조차 한 번도 본 적 없는 그런 증거였다.

찾아야 해.

달콤한 줄기를,

내 소중한 진주들을

올려놓을

완벽한 나뭇잎을.

마침내 내가

이 너덜너덜해진 날개를

완전히 접기 전에.

잎사귀에 알을 낳고 있는 나비

12장: 알

1701년, 네덜란드 암스테르담

‘드 브리드’호가 암스테르담에 도착했다. 마리아는 휴식을 취하며 건강을 돌봐야 했다. 하지만 억누를 수 없는 열정이 되살아나 마리아는 수리남에서 그린 스케치와 “건조시킨 뒤 상자에 담아 잘 보이게 진열한” 표본들을 보러 오라며 친구와 동료들을 집으로 초대했다.

마리아를 찾아간 사람들은 전부 이렇게 말했다. “많은 사람들이 이것들을 꼭 봐야 해.”

하지만 그걸 책으로 내는 일은 쉽지 않아 보였다. 책을 만드는 데에만 몇 년이 걸릴 테고, 투자한 돈을 회수할 만큼 책이 잘 팔릴 거라는 확신도 없었기 때문이다.

"몇몇 자연 애호가들이…… 책으로 내라며 내게 강하게 권유했다. 그들은 그것들이 아메리카에서 그린 최초의 그림이자 가장 이색적인 작품이라고 생각했다. 처음엔 출판비용이 어마어마해서 미리부터 겁을 먹었다. 하지만 그 뒤에 나는 결국 책을 내기로 결심했다."

마리아 메리안

전에도 여러 번 그랬듯이, 마리아는 딸들에게 도움을 청했다. 도로테아는 암스테르담으로 돌아온 직후 배에서 만난 외과 의사 필립 헨드릭스와 결혼했고, 마리아를 불러 같이 살자고 했다. 마리아와 도로테아는 그곳에 화실을 마련했다. 큰딸 요한나의 도움도 받았는데, 요한나는 얼마 안 있어 수리남으로 직접 갔다. 요한나의 남편이 파라마리보에서 '고아 위원회'를 운영하며 네덜란드의 고아들을 추적하는 동안, 요한나는 곤충 스케치와 표본들을 모아서 기회가 있을 때마다 자주 암스테르담으로 보냈다.

마리아는 이전의 애벌레 책보다 훨씬 더 큰 책에다가, 수리남의 경이로운 식물과 곤충들을 실물 크기로 생생하게 찍어내기로 마음먹었다. 마리아는 책을 다양한 색으로 채우고 싶어 했다. 자신이 그랬던 것처럼, 독자들도 황홀에 빠지기를 바랐기 때문이다.

그러려면 우선은 마리아가 본 것들을 전부 한데 묶어야 했다. 마리아는 자신의 연구 공책을 휙휙 넘겨보았다. 그리고 실물을 보고 그린 곤충 스케치들을 송아지 가죽인 '벨럼'에다 가득 채워 넣었다. 핀으로 고정해서 말린 나비의 상자들과 브랜디에 보존한 번데기 병들을 분류하기도 했다. 미세한 부분들을 잘 보존하기 위해서 종이 사이에 끼워 누른 뒤 건조시킨 식물들도 살살 매만졌다. 수리남에서 마지막 몇 주 동안 급하게 포장한 것들은 대부분 마구 뒤섞여 있었고, 일부는 항해에서 온전히 살아남지 못했다.

마리아는 그렇게 사라진 부분을 메울 수 있을까? 마리아가 확신하지 못하는 부분은 누구와 상의할 수 있을까? 마리아의 오랜 동료이자 암스테르담의 식물원 책임자인 카스파르 코멜린이 그 열대 식물들을 식별하고 그것들의 라틴어 이름을 알려주겠다고 했다. 하지만 곤충에 관한 한, 마리아는 혼자였다. 마리아는 유럽에서 유일하게 그 곤충들 대부분을 처음으로 본 박물학자였다. 수리남에서의 관찰을 책으로 내는 일은 무척 선구적인 작업이었다. 마리아는 자신의 비상한 기억력과 곤충에 대한 지식, 그리고 세세하게 적은 메모들에 의존해야 했다.

마리아는 그 곤충들의 과학적인 이름을 알지 못했다. 유럽에 거의 알려지지 않은 종들이었기 때문이다. 그렇지만 마리아는 그런 데 신경 쓰지 않기로 했다. 개중에는 곤충의 이름과 분류를 가지고 마리아와 논쟁하려는 사람들이 있을 수도 있었다. 하지만 마리아는 서로 상호 작용하는 곤충과 식물의 작은 공동체를 정확하게 담아내고 싶었을 뿐이다. 자신이 목격한 그대로 말이다.

"현대의 세계는 매우 복잡하고 학자들의 의견은 일치하지 않기 때문에, 나는 그저 내가 관찰한 것에 열중했다."

마리아 메리안

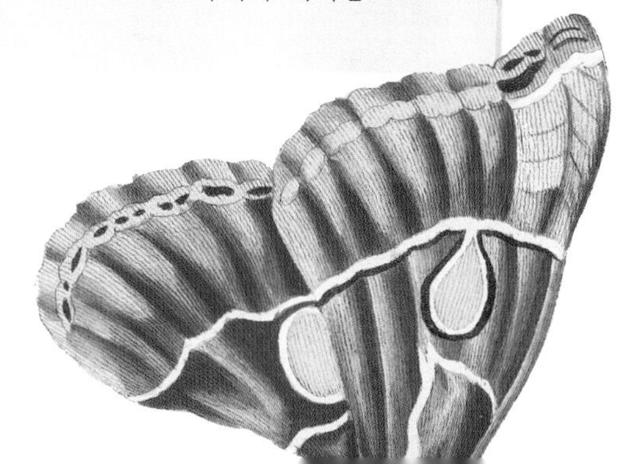

마리아는 수리남 책의 첫 페이지에 들어갈 그림으로 어린 파인애플을 선택했다. 그나마 제일 많이 알려진 식물이었기 때문이다. 마리아는 그 낯선 세상에 들어온 독자들을 기꺼이 환영해주고 싶었지만, 그곳의 야생성도 잊지 않았다. 그래서 파인애플 잎에 거대한 열대 바퀴벌레들을 그려 넣고, 옆에다 그 바퀴벌레들의 탈피 과정을 설명했다. "바퀴벌레 애벌레들이 완전히 성장하면 등 피부가 터진다. 그리고 그 안에서 바퀴벌레가 기어나오는데, 그것의 날개는 하얗고 부드럽다. 벗어놓은 피부는 형태를 유지하고 있어서 진짜 바퀴벌레처럼 보이지만 그 안은 텅 비어 있다."

마리아는 그림을 그리면서 그 낯선 생명체들의 여러 부분들을 하나로 이어 맞췄다. 우선은 각각의 애벌레들을 그것의 먹이식물과 일치시켰다. 다시 말해서 어떤 애벌레를 발견했을 때, 그 애벌레가 먹고 있던 식물과 일치시켰다. 그런 다음 그것의 알과 애벌레, 번데기, 그리고 그것의 외피나 고치에서 "살살 기어 나오는" 나비나 나방의 그림들을 한 곳에 연결해 그렸다. 마리아는 그 근처에서 발견한 다른 곤충들, 예를 들어 파리나 말벌, 딱정벌레 같은 곤충들도 그것의 식물과 곤충의 공동체 일부로 끼워 넣었다. 책 뒤쪽에 실린 전면삽화 일부에는 열대의 개구리와 두꺼비뿐만 아니라 도마뱀과 뱀의 생애 주기도 처음으로 등장했다. 전체적으로, 마리아는 실물 크기의 그림을 60점 그렸는데, 거기에는 새로운 곤충의 변태 과정이 90개, 그리고 식물의 종은 50개가 포함되어 있었다.

마리아는 여전히 열대병으로 힘이 없고 시간에 쫓겼다. 그래서 마리아의 그림을 보고 동판에 그대로 따라 새길 사람들을 고용할 수밖에 없었다. 돈이 항상 부족했지만, 마리아는 암스테르담에서 최고의 실력을 가진 전문 판화가들을 선택했다. 그 책은 굉장히 중요해서 너무 인색하게 굴 수 없었다.

마리아의 새로운 책, 『수리남 곤충의 변태』에 나오는 첫 번째 삽화이다(위의 그림은 모사본임). 마리아는 막 꽃을 피우고 열매를 맺은 파인애플을 보여주었다. 오른쪽에는 열대 바퀴벌레의 유충과 그 성충이 기어 다니고 있다. 마리아는 바퀴벌레를 이렇게 묘사했다. "아메리카에서 가장 악명이 높은 곤충이다. 양털과 리넨, 음식, 음료를 엉망으로 만드는 등 그곳에 사는 모든 사람들에게 큰 해를 끼치기 때문이다."

A. 마리아는 자신의 새 책, 『수리남 곤충의 변태』를 아주 멋지게 만들기 위해, 수리남에서 그린 그림 자료들을 참고해 수채화로 복잡한 전면 도안을 제작했다. 전면삽화 11인 이 그림에서 마리아는 자단나무에다 산누에나방Arsenura armida의 다양한 애벌레 단계와 번데기를 그렸다. 그리고 그 성충의 앞면과 뒷면도 모두 그렸다.

B. 이어 마리아의 전면 도안은 동판에 새겨지고 흑백으로 인쇄되었으며 인쇄된 도안은 마리아의 글과 함께 책으로 묶였다. 어떤 책들은 이렇게 흑백으로 인쇄되어 팔렸고, 어떤 책들은 손으로 색이 칠해진 다음에 팔렸다.

C. 인쇄물 중에서, 잉크가 아직 촉촉하게 남아 있는 것들은 그것을 새로운 벨럼에 대고 눌렀다. 그러면 그 그림이 벨럼에 반대로 찍혔다. 이렇게 찍힌 것을 '카운터프루프'라고 하는데, 그것의 부드러운 잉크 자국 위로 색을 칠했다.

> "내년 1월까지 모든 작업을 마쳤으면 좋겠다. 신이 판화가들과 나의 삶과 건강을 허락한다면 말이다. ……인내란 유익한 약초이다."
>
> 마리아 메리안

『수리남 곤충의 변태』는 1705년에 네덜란드어판과 라틴어판으로 출간되었다. 크기가 무려 53센티미터나 되는 그 책은 거대하고 화려한, 한 편의 걸작이었다. 당시 유행에 따라 책에는 부제가 아주 길게 붙어 있었다. "이 책에는 수리남에 서식하는 애벌레와 벌레들의 일생과 변화 과정이 실려 있다. 그리고 그 생물들이 발견된 식물과 꽃, 과일도 함께 생생하게 묘사되어 있다. 개구리와 신기한 두꺼비, 도마뱀, 뱀, 거미, 그리고 개미도 소개되어 있다. 이 생물들을 아메리카에서 직접 보고, 실제 크기 그대로 재현하고 설명한 이는 마리아 지빌라 메리안이다."

많은 사람들이 그 책을 통해 잘 알려지지 않은 특별한 세계를 처음으로 엿보았다. 평론가들은 마리아가 "조사를 위한 뜨거운 열정과 지칠 줄 모르는 근면함을 지닌 여인"이라며 칭찬했다. 부유한 수집가들은 지체 없이 더 비싼 책, 즉 마리아의 화실에서 손으로 채색한 책을 샀다. 학자들이 과학의 언어로 쓰인 라틴어판을 더 선호한 반면, 동료 '자연 애호가'들은 마리아의 쉽고 생생한 묘사로 가득 찬 네덜란드어판을 열심히 읽었다. "바나나 꽃은 매우 사랑스럽다. 가죽처럼 두꺼운 새빨간 꽃잎이 다섯 장 나 있는데, 그 안으로 검푸른 이슬이 송알송알 맺혀 있다."

『수리남 곤충의 변태』에 실린 전면삽화 12에는 바나나 꽃과 어린 바나나가 그려져 있다. 산누에나방과 그것의 애벌레, 고치, 그리고 번데기도 그렸다.

P. Sluyter Sculp.
12

하지만 그 새로운 책은 그저 아름답기만 한 예술 작품이 아니었다. 그건 대담하게도 과학적 선언을 한 책이었다. 즉, '그 아메리카 대륙의 신비한 정글에서도 두꺼비는 진흙에서 나오지 않았고, 나뭇잎은 나방으로 변하지 않았으며, 나비는 새로 변하지 않았다. 각각의 생물은 자신만의 변화 단계를 거쳤다'는 선언이었다.

런던왕립학회는 조사에 기초한 마리아의 연구를 전례 없이 인정했다. 그 뒤로도 250년 동안 여성을 회원으로 받아주지 않았던, 그 저명한 과학 단체가 자신들의 공식 발행물인 《철학 회보》에서 마리아에 대해 이렇게 적었다. "호기심 많은 마리아 지빌라 메리안 여사는…… 최근 서인도 제도의 수리남에서 돌아왔는데…… 그곳에서 관찰한 곤충과 그 곤충의 신기한 변화 과정을 책으로 펴냈다. 거기엔 매우 희귀한 생물들이 많이 담겨 있다."

수리남 책 이후 인쇄판에서는 「안경카이만과 가짜산호뱀」 그림이 추가된다. 마리아의 헌신적인 박물학자 모습은 이 그림의 인상적인 구성에서도 엿볼 수 있다. 안경카이만 악어의 한쪽 뒷다리 밑에는 새끼 카이만이 알에서 부화하고 있고, 왼쪽에는 가짜산호뱀의 알이 있다. 마리아는 나비뿐만 아니라, 모든 생물의 기원을 알아내고 그것을 다른 사람들과 공유하고 싶어 했다.

존 J. 오듀본의 『아메리카의 새들』에 실린 「검은부리뻐꾸기」(위의 그림은 모사본임). 이 책은 마리아가 『수리남 곤충의 변태』를 낸 뒤 거의 125년이 지난 1827년에 출판되었다. 이 그림을 보면 마리아가 예술가이자 박물학자인 오듀본에게 얼마나 많은 영향을 주었는지 알 수 있다. 오듀본은 여러 종들이 모여 있는 공동체 안에서 활발하게 움직이는 뻐꾸기 한 쌍을 그렸다. 뻐꾸기들은 자신들이 살고 있는 루이지애나의 목련 덤불에서 딱정벌레를 막 잡아먹으려는 참이다. 하지만 오듀본은 배경 그림에 있어서 마리아만큼 엄밀하지 못했다. 오듀본은 뻐꾸기들이 그림에 그려진 곤충을 먹지도 않고, 목련 덤불에도 자주 가지 않는다고 시인하며 오히려 습지에서 조개를 먹는다고 설명했다.

마리아의 아름다운 그림과 이해하기 쉬운 글은 동료 박물학자들을 열광시켰다. 마리아가 발견한 종들은 대부분 당시 유럽인들에게 알려지지 않은 종이었고, 마리아가 관찰한 것들은 널리 인용되고 논의되었다. 그 뒤로 몇 년 동안 유럽의 다른 예술가이자 박물학자들, 이를테면 마크 케이츠비와 훗날의 존 제임스 오듀본 같은 학자들이 마리아의 작품에 영감을 받아 아메리카로 여행을 떠났다. 그리고 그들은 자신들이 발견한 것, 마리아가 그린 독특한 스타일의 삽화, 즉 어떤 생태 환경 내에 서로 유기적으로 연결되어 있는 생물들을 함께 그리는 삽화를 모델로 삼아 책을 냈다.

수리남 책을 작업하는 동안, 마리아는 줄어드는 자금을 채우기 위해서 돈을 받고 아름다운 바다 조개들을 시리즈로 그려주었다. 이 그림들은 결국 박물학자인 게오르기우스 럼피우스의 1705년 책 『암보네스족의 호기심 보관함』에 실렸다(여기 실린 그림은 원화의 모사본임).

큰 기대에도 불구하고, 마리아는 『수리남 곤충의 변태』로 돈을 많이 벌지 못했다. 종이와 판화의 질을 높이는 데 돈을 아끼지 않은 마리아는 첫 인쇄비용을 간신히 회수했다.

마리아는 이 기념비적인 책을 제작하기 위해 정신없이 일했기에 무척 피곤했다. 돈 걱정은 끊이지 않았고, 더 이상 젊지도 않았다. 그래도 여전히 마리아 메리안에게 인생은 언제나 열정과 장애물, 놀라움의 연속이었다.

얼마 안 있어 마리아의 손가락은 고치의 감촉을 느끼고 싶어서 근질거리기 시작했고, 눈은 나풀나풀 날아가는 날개를 좇기 시작했다. 또다시 예전처럼 그렇게 멀리 여행하지는 못할지라도 그 깊고 변함없는 마음만큼은 여전히 창문 너머의 정원으로 향할 수 있었을 것이다.

애빌레 앞에는 성장과 변화가 기다리고 있었다. 마리아는 애벌레의 복잡하고 기적적인 삶을 기록하기 위해서 기꺼이 스케치북과 붓을 준비하고 있었을 것이다.

"몇 년 전에 처음으로 이 커다란 나방을 보았을 때, 그러니까 생겨날 때부터 예쁘게 꾸며진 이 나방을 보았을 때, 나는 번갈아 흐르는 색의 아름다움에 놀라지 않을 수 없었다. ……이 나방들을 성공적으로 기르는 데에는 시간이 오래 걸렸다. ……그래서 이렇게 예쁜 나방새가 실제로 나타났을 때…… 나는 뭐라 설명할 수 없을 만큼 기쁘고 만족스러웠다."

마리아 메리안

과학과 예술을 조화시킨 선구적 여성 박물학자

1711년 봄, 마리아 지빌라 메리안은 다시 연구를 시작했고 그것이 마지막 기록으로 남아 있다.

마리아는 수리남에서 열대성 질병에 걸린 뒤로 건강을 완전히 회복하지 못했다. 추측건대 그 병은 말라리아였던 것 같다. 마리아는 1715년에 뇌졸중으로 쓰러지고, 2년 후 세상을 떠났다. 그때 나이가 예순아홉이었다.

『수리남 곤충의 변태』 첫 번째 판은 많은 사람들이 보지 못했다. 하지만 이후에 나온 프랑스어판과 라틴어판의 유고 작품들은 유럽 전역으로 퍼졌다. 그리고 마리아가 사망한 바로 그날, 표트르 대제의 대리인이 마리아의 수채화 원본을 300점 가까이 사갔다. 그 그림들은 표트르 대제가 러시아 최초의 미술관을 설립하는 데 많은 도움을 주었다.

칼 린네는 생물을 분류하고 라틴어로 이름 붙이는 방법을 마련한 생물학자다. 그리고 그 방법은 오늘날에도 우리가 사용하고 있다. 린네는 1758년에 낸 『자연의 체계』 제10판에서 마리아가 발견한 곤충들에 크게 의존했다. 그 곤충들을 무려 130번 이상 인용했기 때문이다. 대체로, 린네와 그의 제자들은 적어도 100개가 넘는 종들을 식별하기 위해 마리아가 수리남과 유럽에서 했던 작업들을 참고했다.

하지만 당시 남자 학자들은 대부분 마리아의 선구적 탐구 활동을 못마땅하게 여겼다. 어떤 사람은 마리아가 수리남에 혼자 갈 수 없었을 거라고, 분명 남편이랑 동행했을 거라고 주장했다. 그때는 이미 마리아가 이혼한 상태였는데도 말이다. 마리아가 원주민의 전통을 소개한 것 가지고 트집 잡으며 이렇게 말하는 사람도 있었다. “이 책의 큰 결함은 마리아가 주변의 낯선 사람들에게서 들은 쓸데없는 이야기들을 소개한 것이다.” 또

독일의 500마르크 지폐에 담겨 있었던 마리아 지빌라 메리안의 초상화. 유일하게 마리아의 얼굴이라고 확인된 판화를 기초로 제작했다.

어떤 사람들은 마리아가 곤충을 제대로 분류하지도 않았을 뿐만 아니라, 그냥 되는 대로 아무렇게나 책을 구성했다며 비판했다. 마리아 사후에 나온 수리남 책들은 다른 분류 체계에 따라 불필요하게 재구성되었고, 그 과정에서 마리아가 발견한 것들을 왜곡하거나 잘못 전달했다. 몇몇 위대한 박물학자들이 여전히 마리아의 책을 인정하고 나섰지만, 마리아는 독학한 비전문가들의 연구를 점점 더 거부하는 과학 기관에 의해 반감을 샀다. '과학자'라는 단어는 1834년 즈음에 처음으로 생겼다. 그러면서 자연계를 연구하는 일이 점차 직업으로 인정되고, 그것을 좀 더 전문화된 분야로 나누기 시작하는 시대가 열렸다.

마리아는 유럽의 애벌레 책을 세 번 냈는데, 그중 마지막 제3권은 작은딸 도로테아가 마리아의 사후에 출간했다. 이 책들은 과학적인 정확도가 매우 높았다. 하지만 『수리남 곤충의 변태』에는 당시 많은 과학서들이 그랬던 것처럼 약간의 오류가 있었는데, 주로 마리아가 극심한 환경에서 자료를 모았기 때문이다. 몇몇 전면삽화에서는 애벌레와 번데기가 잘못된 성충과 같이 있었고, 어떤 그림은 마리아가 직접 관찰한 것과 다른 사람에게서 얻은 잘못된 정보가 결합되어 있는 것처럼 보이기도 했다. 하지만 대부분 경우, 마리아의 그림은 매우 정확하고 실물과 흡사해서 오늘날에도 유럽과 수리남의 곤충 도감으로 쓸 수 있을 정도이다.

수리남 책의 전면삽화 59. 수리남에서 흔히 볼 수 있는 피파두꺼비*Pipa pipa*다. 마리아는 등에 알을 싣고 다니는 이 양서류의 특이한 생애 단계를 처음으로 기록했다. 두 번째 수리남 책에서 다른 양서류와 파충류도 넣으려 했지만, 재정상의 문제로 무산됐다.

위의 커다란 남아메리카 도마뱀은 검은테구도마뱀Tupinambis merianae이다. 이처럼 과학자들이 학명에 마리아의 이름을 따서 넣은 예는 많이 있다. 적어도 식물은 여섯 종, 나비는 아홉 종, 나방 한 종(Erinnyis merianae), 두꺼비 한 종(Rhinella merianae)이 있다.

사실 일부 과학자들은 마리아가 이후 수리남에서 멸종하게 된, 많은 종들의 변태를 기록한 유일한 사람일 거라고 생각한다.

다행히도 오늘날의 과학자와 역사학자, 미술품 수집가들은 마리아 작품의 진가를 재발견하고 그것을 인정하고 있다. 다시 말해 마리아가 곤충의 변태와 생태계를 놀랍도록 아름답고 정확하게 묘사하고 있다고 인정한 것이다. 마리아는 곤충을 여전히 의심스

마리아의 예술 작품은 수세기 동안 다양한 방식으로 사용되고 있다. 이 미국 우표는 마리아의 꽃 그림책에 있는 튤립을 기초로 했다. (저자의 소장품)

러운 눈길로 보는 대중에게 아주 흥미롭고, 서로 연관되어 있는 이야기들을 들려주었다. 대부분의 학자들이 자연계를 여러 범주로 나누려 애쓰던 그 시기에, 마리아는 오히려 서로의 관련성을 고집스럽게 찾았다. 그러니까 생명의 변화 단계들 간의 관련성, 곤충과 식물들 간의 관련성, 예술과 과학 간의 관련성을 말이다. 독일의 위대한 극작가이자 정치인인 요한 볼프강 폰 괴테는 후에 마리아가 예술과 과학 사이, 즉 "자연에 대한 고찰과 예술의 목적" 사이를 쉽게 오간 데 대해 경탄했다. 저명한 박물학자인 데이비드 애튼버러는 마리아가 당대에 가장 모험적이고 독특한 예술가들 중 한 명이라고 생각한다.

곤충을 그릴 때, 마리아는 왜 그 곤충이 좋아하는 식물과 함께 그리려 했을까? 마리아는 왜 그토록 집요할 정도로 철저하게 기록했을까? 어쩌면 현장에서 몇 년 동안 꼼꼼하게 연구했던 경험 덕분에, 마리아는 그동안 고전적인 교육을 받아온 사람들보다 좀 더 예리하게 관찰할 수 있었던 건지도 모른다. 마리아가 외부인이었기 때문에 좀 더 큰 그림을 보고 더 많은 위험을 감수할 수 있었던 건지도 모른다. 또 어쩌면 미래를 향해 어떤 메시지를 보내고 있었던 건지도 모른다. 생명체는 서로 미묘한 균형을 이루며 존재하고 있는 거야, 하고 말이다. '생태계'란 단어는 마리아가 사망하고 난 뒤 50년이 지나서야 등장하지만, 마리아는 다시 한번 시대를 앞서갔다. 많은 사람들이 마리아를 세계 최초의 생태학자라고 부르기 때문이다.

마리아는 우리에게 아름다운 예술 작품들을 남겨주었다. 하지만 그보다 더 귀중한 유산은 따로 있다. 마리아는 자연을 끊임없이 변화하는 연결망으로 보았고, 자연에 대한 우리의 시각을 완전히 바꿔놓았다.

> "진귀하고 아름다운 애벌레들이 지극히 평범한 생물로 변하고, 가장 수수한 애벌레들이 눈부시게 고운 나비나 나방으로 되는 일은 종종 일어난다."
>
> 마리아 메리안

수리남 책의 마지막 페이지에 실린 그림. 마리아는 아름답고 거대한 부엉이나비Caligo idomeneus와 그것의 애벌레, 그리고 외피를 그렸다. 또한 보잘것없어 보이는 작은 갈색 말벌Hymenoptera도 그려 넣었다. 사람들은 대부분 말벌을 해충으로 여겼지만, 마리아는 말벌이 지은 견고하고 기발한 집을 보며 감탄했다(위의 그림은 원화의 모사본임).

작가 노트

무엇 때문에 나는 잘 알려지지도 않은 17세기 독일 박물학자의 전기를 다루게 되었을까? 그것도 시인인 내가 말이다. 어느 날 미니애폴리스 미술관에 갔을 때였다. 마리아가 수리남에서 그린 복잡하고 섬세한 그림들을 보자마자 나는 한눈에 반했다. 그리고 마리아의 삶에 매료되었다. 그때쯤 한 친구가 뜻밖에도 내게 세크로피아나방의 고치를 몇 개 보냈는데 그 고치에선 크고 멋진 날개를 자랑하는, 털이 복슬복슬한 나방들이 나왔다. 하지만 내가 이 책을 써야겠다고 진정 마음먹게 된 건, 마리아가 수리남에서 쓴 메모들의 번역본을 마침내 찾았을 때다. 열정을 다해 꾸밈없이 말하는 마리아의 목소리는 내가 마리아에 대한 이야기를 쓰도록 했다.

여러모로 마리아는 수수께끼 같은 사람이었다. 애벌레 말고는 거의 아무것도 쓰지 않았기 때문이다. 그래서 나는 마리아가 자신의 어린 시절이나 남편, 딸, 또는 발타성으로 이사한 일들에 대해서 어떻게 느꼈을지 무척 궁금했다. 사실, 마리아의 삶이 어떠했는지는 그에 대한 연구가 진행되면서 계속 바뀌고 있다. 우리가 알고 있는 건 마리아가 지칠 줄 모르는 에너지와 만족할 줄 모르는 호기심, 그리고 초인적인 집중력을 갖고 있었다는 점이다. 이러한 특성들은 마리아가 함께 사는 데 편안한 사람이 아니었음을 나타내는 것일지도 모른다. 하지만 그런 특성들 덕분에 마리아는 힘든 시기에도 진정한 과학자로 거듭날 수 있었던 게 아닐까. 오늘날 마리아의 혁신적인 연구를 이어가는 현장의 용감한 생물학자들처럼, 마리아는 언제나 신비로운 것을 쫓아갔다. 하지만 정작 마리아 자신에 대한 부분은 약간 신비롭게 남겨두었다.

나는 마리아의 발자취를 따라가고 싶어서 이 책을 쓰며 애벌레를 키웠다. 미국과 독일 양쪽 모두에서 서식하는 작은멋쟁이나비Vanessa cardui를 선택하고, 그 나비들의 먹이식물인 접시꽃도 정원에 심었다. 나는 카메라와 방대한 디지털 정보 보관소를 마음껏 쓸 수 있었다. 그런 면에서 보면, 마리아와 완전히 다른 연구 경험을 한 것이다. 하지만 반대로 마리아와 매우 가깝게 느껴지는 순간들도 있었다. 번데기가 내 손에서 씰룩씰룩 움직였을 때는, 마리아가 놀랐던 것처럼 나도 깜짝 놀랐다. 그리고 작은멋쟁이나비의 번데기가 우화하기를 몇 시간 동안 기다리다가 잠깐 자리를 비웠을 때였다. 잠시 후 돌아온 나는 내가 방을 나가자마자 나비들이 그 외피에서 차례차례 나왔다는 것을 알아차렸다. 나는 나비가 외피에서 나오는 장면을 한 번도 못 봤다. 마리아는 얼마나 많은 인내심을 갖고 변태의 각 단계들을 기다렸을까?

내가 나비들을 풀어주려고 할 때였다. 다섯 살 난 옆집 꼬마가 잠시 들러 호기심을 보이며 내게 물었다. "제가 해봐도 돼요?" 나비들이 날아가면서 꼬마의 손바닥을 간질였다. 마지막 나비가 시야에서 멀어질 때쯤 꼬마가 들뜬 목소리로 말했다. "정말 사랑스러워요." 그 순간, 나는 마리아의 열정이 한 세대에서 다음 세대로 넘어가는 것을 느꼈다.

연대표

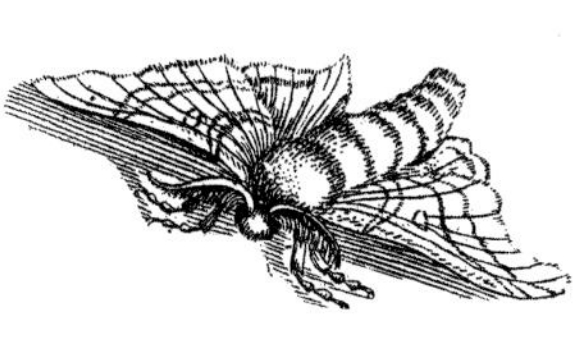

1640s

1647 마리아는 4월 2일 독일 프랑크푸르트에서 요한나 지빌라 헤임과 마테우스 메리안의 딸로 태어났다.

1648 유럽 역사에서 마지막으로 있었던 가장 큰 종교 전쟁인 30년 전쟁이 마침내 끝났다. 오랫동안 지속된 이 전쟁과 질병의 유행으로 독일 인구는 전쟁이 시작되었던 1618년에 비해 절반으로 줄어들었다.

유럽은 '신세계(아메리카 대륙)'를 정복하여 식민지로 삼았다. 그리고 상선들이 다양한 물건들을 싣고 대서양을 오갔다.

1650s

1650 마리아의 아버지, 마테우스 메리안이 사망했다.

1651 마리아의 엄마는 정물화가인 야콥 마렐과 결혼했다. 그 뒤로 십여 년 동안 야콥 마렐은 마리아에게 그림 그리는 법을 가르쳤다.

1660s

1660 마리아는 열세 살 때부터 누에를 키우고 연구하기 시작했다.

‘자연 철학자들’의 학술원인 영국왕립학회가 설립되었다. 그곳의 모토는 “어느 것도 당연한 것으로 받아들이지 말라(Nullius in verba)”였다.

그때까지 독일에서만 2만 명 이상의 여성들이 재판에서 마녀로 판정받고 처형되었다.

1662 요하네스 고다트가 『곤충의 자연 변태』라는 책을 냈다. 이 책에는 애벌레와 그 애벌레에서 성장한 나비가 묘사되어 있다.

1664 네덜란드 정부는 ‘뉴암스테르담(이후 뉴욕)’을 영국에 주고, 영국이 차지한 남아메리카의 수리남 지역을 가져왔다.

1665 마리아는 화가이자 출판인인 요한 안드레아스 그라프와 결혼했다.

급성 감염병인 ‘흑사병’이 런던과 다른 유럽 도시들로 급속히 퍼져나가고, 10만여 명의 사람들이 목숨을 잃었다.

1668 마리아의 첫째 아이, 요한나 헬레나가 태어났다.

이탈리아 학자인 프란체스코 레디가, 구더기는 파리의 알에서 나온다는 것을 증명했다. 1년 뒤, 네덜란드인인 얀 슈밤메르밤은 곤충이 다른 동물들과 마찬가지로 다양한 단계를 통해 점진적으로 발달한다고 주장했다.

1670s

1670 마리아 가족은 독일의 뉘른베르크로 이사 가서 화실 겸 인쇄소를 차렸다.

1675 스물여덟 살인 마리아는 '아가씨들의 모임'에서 그림 그리는 기술을 가르치기 시작했다. 그리고 그 뒤에 『새로운 꽃 그림책』 제1권을 냈다.

안톤 판 레이우엔훅이 박테리아와 현미경으로 봐야만 보이는 동물(원생동물)을 발견했다.

1678 마리아의 둘째 아이, 도로테아 마리아 헨리에트가 태어났다.

1679 마리아가 유럽의 애벌레를 연구한 책, 『애벌레의 경이로운 변화와 꽃의 특별한 영양』 제1권이 출판되었다.

1680s

1681 마리아의 양아버지가 사망했다. 마리아는 두 딸을 데리고 프랑크푸르트로 돌아가 엄마의 재산 관리를 도왔다.

1683 마리아가 쓴 애벌레 책 제2권이 프랑크푸르트에서 출판되었다.

1685 마리아는 남편을 떠나 엄마와 두 딸을 데리고 라바디스트 공동체가 있는 네덜란드의 발타성으로 갔다.

1687 아이작 뉴턴 경이 중력 이론을 발표했다.

1690s

1691　마리아는 두 딸과 함께 라바디스트 공동체를 떠나 암스테르담으로 이사했다.

1692　마리아의 남편이 이혼 소송을 제기했다.

미국 매사추세츠 주의 세일럼 마을에서 일어난 '세일럼마녀재판'으로 스무 명이 처형되었는데, 그중 열네 명이 여성이었다.

1699　마리아는 6월에 작은딸 도로테아와 함께 수리남으로 가는 배에 올라탔다.

1700s

1701　마리아와 도로테아가 수리남에서 돌아왔다.

1705　『수리남 곤충의 변태』가 출판되었다.

1710s

1715　마리아가 뇌졸중으로 쓰러졌다.

1717　1월 13일, 마리아는 예순아홉의 나이로 암스테르담에서 사망했다.

표트르 대제가 러시아의 상트페테르부르크에 있는 자신의 '예술 보관함'을 채우기 위해서 마리아의 수채화를 잔뜩 구입했다.

1718 도로테아가 『애벌레의 경이로운 변화와 꽃의 특별한 영양』 제3권을 완성하여 출판했다.

마리아의 유럽 애벌레 책 세 권을 전부 모아서 본문을 요약하고 라틴어로 옮긴 편집판이 『애벌레의 기원』이란 책으로 출판되었다.

1719 『수리남 곤충의 변태』가 네덜란드어와 라틴어로 다시 출판되었다. 여기에는 마리아가 그린 원본 삽화 60점 외에도, 마리아가 이후 책에 포함되기를 바랐던 삽화 12점이 더 들어갔다.

도로테아와 그녀의 남편은 상트페테르부르크로 가서 표트르 대제의 예술 보관함 정리를 도왔다. 그리고 그곳은 이후에 세계 최초의 미술관 중 하나가 되었다. 도로테아는 상트페테르부르크에서 예술가이자 박물학자가 되려는 새로운 세대에게 곤충과 식물 그리는 법을 가르쳤다.

1730 『애벌레의 기원』이 프랑스어로 출판되었다. 이후 칼 린네는 이 책을 참고해서 100마리 이상의 곤충을 분류하고 이름 지었다. 그리고 그 이름들은 오늘날에도 우리가 사용하고 있다.

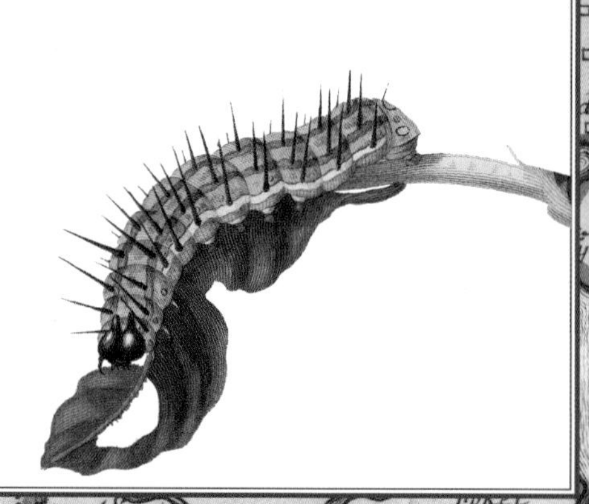

자료 출처

2장: 부화

22 "기어 다니고 날아다니는 것들은……": 레위기, 11:41-43.
"어렸을 적부터……": 푸에기, 『수리남 곤충의 변태』 번역.

3장: 제1령

26 "나는 언제나 내 꽃 그림에……": 베텡글, 『마리아 지빌라 메리안』, 58쪽.

4장: 제2령

32 "거의 모든 사람들이 누에를……": 비어, 『나비, 딱정벌레, 그리고 다른 곤충들』, 저자가 번역한 기록, 141쪽.
34 "누에를 키우는 데에는 엄청난 노력이……": 위와 같은 자료.
35 "나방은 나오고 싶을 때……": 위와 같은 자료.

5장: 제3령

39 "이 애벌레들은 날 때부터……": 위와 같은 자료, 143쪽.
42 "분명히 말하지만……": 베텡글, 『마리아 지빌라 메리안』, 159쪽.

6장: 제4령

46 "아가씨들의 모임": 베텡글, 『마리아 지빌라 메리안』, 262쪽.
"따라 그리고 색칠하기 위해……": 『새로운 꽃 그림책』, 84쪽.
"유명한 판화가 마테우스……": 스턴과 뤼커, 『수리남 곤충의 변태』, 2쪽.
49 "유해한 동물": 피터스와 윈타겐, 『마리아 지빌라 메리안』, 13쪽.
"사회에서 사람들과 어울려 사는 게……": 피터스와 윈타겐, 『마리아 지빌라 메리안』, 13쪽.
50 "따뜻한 손을 가만히 얹으면……": 토드, 『외피』, 60쪽.

7장: 탈피

52　"내가 깃털을 막 뽑으려 할 때……": 베텡글, 『마리아 지빌라 메리안』, 21쪽.
54　"이따금 애벌레들은 나뭇잎이나……": 리츠마, 『마리아 지빌라 메리안과 그 딸들』, 72쪽.
58　"잘못된 변화": 에테리지, 『생태학의 전성기』
59　"이 작고 보잘것없는 벌레들은……": 켈프 호크, 『지빌라를 찾아서』, 40쪽.
60　"간략하지만 많은 걸 표현하는……": 에테리지, 『생태학의 전성기』
64　"독자여, 부디 눈으로……": 베텡글, 『마리아 지빌라 메리안』, 61쪽.
"독창적인 여성": 토드, 『외피』, 76쪽.
"한 무리의 학자들이 그렇게……": 위와 같은 자료.

8장: 번데기

66　"(유럽의) 모든 곤충은……": 토드, 『외피』, 55쪽.
68　"나는 즉시 그중 일부를 그려야……": 에테리지, 『생태학의 전성기』
69　"여기는 아직도 모든 게……": 베텡글, 『마리아 지빌라 메리안』, 263쪽.

9장: 우화

72　"나는 인간 사회에서 벗어나……": 푸에기, 『수리남 곤충의 변태』, 서문.
74　"이렇게 작고 보잘것없는……": 스턴과 뤼커, 『수리남 곤충의 변태』, 10쪽.
80　"며칠 후, 그 검은 점들은……": 에테리지, 『마리아 지빌라 메리안의 개구리』, 20쪽.

10장: 확장

86　"어쨌든 한동안은 너한테……": 베텡글, 『마리아 지빌라 메리안』, 264쪽.
"작고 뾰족뾰족한 가시": 푸에기, 『수리남 곤충의 변태』, 전면삽화 2.
90　"뱀 같은 동물들은……": 베텡글, 『마리아 지빌라 메리안』, 264쪽.
92　"그 수집품들에서 나는……": 푸에기, 『수리남 곤충의 변태』, 서문.

11장: 비행

100 “네덜란드인에게서 대우를 제대로……”: 위와 같은 자료, 전면삽화 45.
“거칠고, 야생적이며……”: 스턴과 뤼커, 『수리남 곤충의 변태』, 14쪽.

101 “그 원주민들은 목화의 초록 잎을……”: 푸에기, 『수리남 곤충의 변태』, 전면삽화 10.
“그것을 구우면, 설사를……”: 위와 같은 자료, 전면삽화 16.
“암브레트의 씨앗을 비단실로……”: 위와 같은 자료, 전면삽화 42.
“원주민들은 벌거벗은 몸에……”: 위와 같은 자료, 전면삽화 44.
“울긋불긋한 닭의 깃털처럼”: 위와 같은 자료, 전면삽화 3.

104 “어느 날 나는 멀리 떨어진 황무지를……”: 애튼버러, 『놀랍고 진귀한 것들』, 148쪽.

105 “마치 포도, 살구, 앵두, 사과, 배를……”: 푸에기, 『수리남 곤충의 변태』, 전면삽화 2.

106 “그 사람들은 뭔가를 조사하려는……”: 위와 같은 자료, 전면삽화 36.
“우리는 놀라서 상자를 열었다……”: 위와 같은 자료, 전면삽화 49.
“빗자루의 손잡이처럼 매끈하게”: 위와 같은 자료, 전면삽화 18.

111 “이 나라의 더위는 정말이지……”: 베텡글, 『마리아 지빌라 메리안』, 264쪽.

12장: 알

113 “건조시킨 뒤 상자에 담아……”: 위와 같은 자료.

114 “몇몇 자연 애호가들이……”: 푸에기, 『수리남 곤충의 변태』, 서문.

115 “현대의 세계는 매우 복잡하고……”: 위와 같은 자료.

116 “바퀴벌레 애벌레들이 완전히 성장하면……”: 위와 같은 자료, 전면삽화 49.

117 “아메리카에서 가장 악명이 높은……”: 위와 같은 자료, 전면삽화 1.

120 “내년 1월까지 모든 작업을……”: 베텡글, 『마리아 지빌라 메리안』, 264쪽.
“조사를 위한 뜨거운 열정과……”: 토드, 『외피』, 216쪽.
“바나나 꽃은 매우 사랑스럽다……”: 푸에기, 『수리남 곤충의 변태』, 전면삽화 12.

122 “호기심 많은 마리아 지빌라 메리안 여사는……”: 런던왕립학회, 《철학 회보》, 18쪽.

125 “몇 년 전에 처음으로 이 커다란 나방을……”: 베텡글, 『마리아 지빌라 메리안』, 62쪽.

과학과 예술을 조화시킨 선구적 여성 박물학자

126 “이 책의 큰 결함은……”: 길딩, 『마리아 지빌라 메리안의 작품에 대한 고찰』, 356쪽.

130 “자연에 대한 고찰과……”: 뷔르거, 『새로운 꽃 그림책에 대한 에필로그』, 93쪽.

“진귀하고 아름다운 애벌레들이……”: 푸에기, 『수리남 곤충의 변태』, 전면삽화 12.

참고 자료

마리아 지빌라 메리안의 원작

『새로운 꽃 그림책*Neues Blumenbuch(NB)*』. 총3권. 요한 안드레아스 그라프(뉘른베르크), 1675년-1680년.

『애벌레의 경이로운 변화와 꽃의 특별한 영양 *Der Raupen wunderbare Verwandlung und sonderbare Blumennahrung(DRWV)*』. 총3권. 뉘른베르크와 프랑크푸르트, 1679년, 1683년, 1718년.

『수리남 곤충의 변태*Metamorphosis insectorum Surinamensium(MIS)*』. 암스테르담: 지. 발크, 1705년. 라틴어와 네덜란드어로 출판되었다. 후기 판은 새로운 전면삽화와 함께 1719년에 출판되었는데, 요하네스 오스터바이크(암스테르담)에서 발행했다.

어린이를 위한 참고 도서

『곤충화가 마리아 메리안』, 마르가리타 앵글, 담푸스, 2011년.

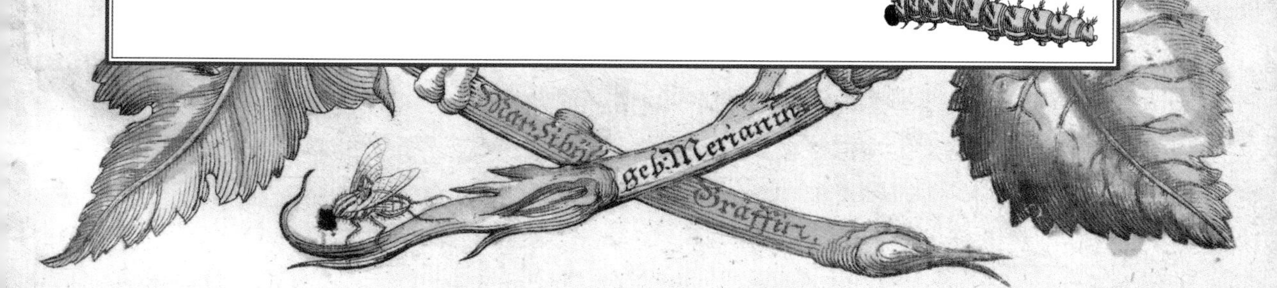

감사의 말

이 길고 보람찬 여정에 동참하여 나를 도와준 모든 이에게 감사한다. 특히, 마리아 메리안의 유산을 잊지 않도록 해준 많은 학자들에게 깊이 감사한다. 『외피 밖으로: 마리아 지빌라 메리안의 초상』(플레어 필름)의 제작자인 존 푸에기와 조 프란시스는 내게 여러 조언들을 해주었을 뿐만 아니라, 마리아 책의 번역 자료도 흔쾌히 빌려주었다. 게티즈버그 대학의 케이 에더리지 교수는 소중한 자료들을 소개해주었고, 내가 던진 수없이 많은 질문들에 일일이 답을 해주었다. 한때 암스테르담 대학의 미술도서관에서 큐레이터로 근무했던 플로렌스 피터스는 정확한 정보를 위해 이 책의 초기 원고를 읽고서 내게 용기를 불어넣어주었다. 미니애폴리스 미술관은 친절하게도 그들의 디지털 자산을 내가 맘껏 사용할 수 있도록 허락해주었다. 미네소타 대학의 안데르센 원예도서관과 완겐스틴의 생물학 및 의학 역사도서관의 사서들은 내가 처음으로 마리아의 책을 보고 만질 수 있도록 해주었다. 그리고 미네소타 대학의 곤충학부는 그들의 광범위한 곤충 소장품들을 내가 직접 보고 사진 찍을 수 있도록 해주었다.

내 원고를 읽고 잘못된 부분들을 수정해준 여성 동료들, 미셸 라크너, 트레이시 마우러, 투니 먼슨 벤슨, 로라 퍼디 살라스에게 감사한다. 그리고 내가 아이의 시선으로 바라볼 수 있게 해준, 줄리 라이머 독자에게도 감사한다. 그 놀라운 세크로피아나방의 고치를 준 줄리 한케에게도 감사한다. 엘리 시드먼, 가브리엘 시드먼, 마르타 부에노 마틴은 미완성 원고를 계속 읽으면서 그때마다 나를 응원해주었다. 남편 짐은 처음부터 마리아의 이야기에 확신이 서 있었다. 그래서 내게 현명한 조언을 아끼지 않았고, 편집과 관련된 도움을 주었다. 그리고 내가 걱정하며 불확실해할 때마다 옆에서 든든한 버팀목이 되어주었다.

벳시 그로반, 메리 윌콕스, 카렌 월시, 린다 마그람, 리사 디사로, 메리 마그리소, 마가렛 앤 마일스, 앨리슨 커밀러 등 호튼 미플린 하코트 출판사의 모든 분들에게 진심으로 감사한다. 보조 편집자 릴리 키신저는 이 글에 대한 논평을 훌륭하게 해주었고, 그 이후에도 내게 많은 도움을 주었다. 수석 디자이너 레베카 본드는 책을 아름답게 디자인해서 내 원고에 생명을 불어넣어주었다. 마지막으로 내 담당 편집자 앤 라이더에게 감사의 인사를 전한다. 친한 친구이자 멘토인 앤 라이더는 내가 이야기를 축소시키지 않고 확장해나갈 수 있도록 해주었다. 그리고 마리아가 말했듯이, "가장 수수한 애벌레들이 눈부시게 고운 나비나 나방으로 되는 일은 종종 일어난다"는 걸 믿어준 그녀에게 고마운 마음을 전한다.

옮긴이의 말

중학교 시절엔 방학이 되면 한 달 정도 미술 학원에 나가 그림을 그렸다. 입시를 위해서가 아니라 순전히 취미 삼아 나간 거였다. 탁자 위의 사과나 아그리파 석고상을 그리기도 하고, 화선지에 난을 치기도 했다. 타고난 소질은 없지만 그 시간이 즐거웠다. 고등학교에 들어간 뒤로는 점차 그림 그리는 시간이 줄었고, 성인이 되어서는 직접 그림을 그리기보다 화가들의 작품들을 감상하는 것을 즐겼다. 그림을 감상하면 마음이 평온해졌다.

이 책의 번역 의뢰를 받고서, 내가 참 운 좋은 사람이라고 생각했다. 그동안 아이 둘을 키우며 집안일에 번역까지 하느라 여유를 잊고 살았는데, 섬세하고 아름다운 마리아 메리안의 그림을 하루 종일 보다 보니 어느덧 마음이 편안해졌기 때문이다. 그리고 자신이 좋아하는 그림과 곤충에 푹 빠진 마리아 메리안의 이야기를 우리말로 옮기면서 내게도 어떤 열정 같은 게 느껴졌다.

마리아는 예술과 과학을 조화시킨 여성 박물학자다. 남성이 주도하던 예술과 박물학 영역에 뛰어든 용감한 여성이며, 곤충의 변태에 관심을 가진 초기 곤충학자다. 그리고 남성 동행인 없이 수리남에서 홀로 지내며 열대의 동식물을 연구한 개척자이기도 하다. 여성이 남성보다 열등하다고 믿던 시대, 곤충에 관심을 가지면 마녀로 몰려 처형당할 수 있던 시대에, 마리아 메리안의 활동은 정말 용감하고 선구적인 행동이었다. 안타깝게도 이런 선지적인 여성, 마리아 메리안이 우리나라에는 잘 알려져 있지 않다. 하지만 마리아의 그림을 보면 '아하' 하고 평소 주변에서 보는 그림이라는 걸 알게 된다. 나 역시 그랬으니까 말이다.

마리아 메리안의 삶과 예술을 글과 그림으로 생생하고 자세하게 소개한 작품은 이 책이 유일할 것이다. 적어도 우리나라에서는 말이다. 이렇게 당찬 여성의 이야기를 번역하여 소개하게 돼 보람을 느낀다. 이 글을 번역하면서, 당시 상황을 정확히 전달해주고 싶은 마음에 다양한 책을 참고했다. 서양 미술사와 인쇄술의 발달, 판화의 종류, 곤충을 다룬 과학책, 여러 박물학자들을 소개한 책들을 틈틈이 읽었다. 생물을 실제 크기 그대로 재현하고 설명한 『수리남 곤충의 변태』를 직접 보지 못해 참 아쉬웠다. 언젠가는 마리아 메리안의 그림들을 보러 미국이나 독일, 러시아를 방문하고 싶다. 그림 그리기를 좋아하는 내 딸의 손을 꼭 잡고서.

요즘 나는 딸과 함께 근처 공원에 자주 나간다. 딸은 자연을 보며 크레파스로 그림을 그리고 나는 옆에서 조용히 책을 읽는다. 무척 평화로운 시간이다. 딸은 이리저리 움직이는 곤충보다는 살랑살랑 흔들리는 나무와 꽃을 더 좋아한다. 하지만 조금 더 크면, 마리아 메리안이 그러했듯, 식물과 동물의 조화로운 공존을 이해하고 그것을 표현하고자 하는 순간이 오리라 생각한다.

좋은 책의 번역을 맡겨준 북레시피 출판사에 감사드린다. 그림 그리기에 열정을 보이는 딸과 한때 곤충에 푹 빠져 집 안에 사슴벌레까지 들여놓았던 아들, 그리고 공원과 산을 누비며 아이들에게 새로운 세계를 보여주려 노력하는 남편에게도 고맙다는 인사를 전한다.

삽화 및 사진 출처

마리아 지빌라 메리안의 삽화

미국 미네소타 주의 미니애폴리스, 미니애폴리스 미술관, 1996년, 에틸 모리슨 판 데립 기금, 미니니치 컬렉션의 허가. 사진 © 미니애폴리스 미술관

하드커버, 1, 112: "바나나와 파란 도마뱀 Bananas and Blue Lizard", 1705년경, 에칭과 인그레이빙에 손으로 채색, P.18,720

16, 54, 106(부분도), 118: "애벌레, 나비, 그리고 꽃Caterpillars, Butterflies, and Flower", 1705년경, 에칭과 인그레이빙에 손으로 채색, P.18,717

3, 48(부분도): "파란 나비와 빨간 새끼벌레, 파란 가시나무Blue Butterflies and Red Larva, Blue Spines", 1705년경, 에칭과 인그레이빙에 손으로 채색, P.18,728

81, 136, 137(부분도): "개구리의 변태와 푸른 꽃 Metamorphosis of a Frog and Blue Flower", 17세기, 수채화, 66.25.171

110: "나방, 애벌레, 그리고 나뭇잎Moths, Caterpillars, and Foliage", 1705년경, 에칭과 인그레이빙에 손으로 채색, P.18,719

121: "바나나의 개화Inflorescence of Banana", 1705년경, 에칭과 인그레이빙에 손으로 채색, P.18,718

128: "등에 알을 싣고 있는 수리남 두꺼비 수컷과 고둥 껍데기, 그리고 현화식물Male Suriname Toad with Eggs on Back, Shells, and Flowering Plant", 1705년경, 에칭과 인그레이빙에 손으로 채색, P.18,727

독일 프랑크푸르트, 요한 크리스천 상센부르크 대학 도서관

25: "동식물의 원도면 열일곱 점17 Original Drawings of Plants and Animals", 1669년, 초크와 잉크 드로잉

62, 146: "『애벌레의 경이로운 변화와 꽃의 특별한 영양』의 권두삽화", 인그레이빙에 손으로 채색, 1679년

미국 캘리포니아 주 로스앤젤레스, 게티 미술연구소의 디지털 컬렉션 오픈 콘텐츠 프로그램의 허가

『유럽의 곤충De Europische insecten』에서, 인그레이빙에 손으로 채색, 1730년:

30, 64(부분도): "쐐기풀잎Brandenetelbladeren"

38, 86: "멋진 애벌레Wonderbare Rupsen"

68(부분도): "히아신스Hyacinth"

74(부분도): "포도꽃Druivenblossem"

『수리남 곤충의 변태』에서, 인그레이빙에 손으로 채색, 1719년:

22, 94(부분도), 107, 111(부분도): "두 겹으로 핀 석류꽃과 악어머리꽃매미, 그리고 매미Double-blossomed pomegranate with lantern flies and cicada", 전면삽화 49

50, 99, 150(부분도): "거대한 박각시나방과 산호유동Belly-ache bush with giant sphinx moth"

83, 138(부분도): "블루몰포나비와 그 새끼벌레 그리고 번데기Blue morpho butterfly, larva and pupa"

108: "구아바나무의 가지와 가위개미, 개미 군단, 거미, 그리고 벌새Branch of a guava tree with leaf-cutter ants, army ants, spiders, and hummingbird", 전면삽화 18

115(부분도): "산누에나방과 달콤한 오렌지 나뭇가지Branch of sweet orange tree with Rothschildia hesperus moth"

119: "산누에나방과 자단나무의 가지Branch of a swamp immortelle and Saturniid moth", 전면삽화 11

122: "남아메리카의 가짜산호뱀을 물어뜯는 수리남의 안경카이만Surinam caiman biting South American false coral snake"

러시아 상트페테르부르크, 러시아 과학 아카데미의 기록 보관소

모두 양피지에 물감과 구아슈로 그린 그림

33(부분도): "타란툴라와 사마귀, 그리고 딱정벌레Tarantula, Mantids and Beetles", 1699년경, IX.Op.8.D.L.63.1

52(부분도): "딱정벌레와 새끼벌레Beetles and Larvae", 1699년경, IX.Op.8.D.59.L.1

73: "펜넬, 딜, 그리고 호랑나비Fennel, Dill, and Swallowtail", 1688년경, IX.Op.8.D.1.24.A

76: "딱정벌레, 나방, 그리고 양치식물Beetle, Moths and Fern", 1688년경, IX.Op.8.D.L.20.1

102: "나비, 나방, 뿔매미, 그리고 쐐기나방 애벌레Butterflies, Moths, Treehopper, and Flannel Moth Caterpillar", 1699년경, IX.Op.8.D.L.56.1

103: "타란툴라, 사마귀, 그리고 하늘소 Tarantula, Mantids and Beetles", 1699년경, IX.Op.8.D.L.63.1

124: "바다 우렁과 고둥 껍데기Sea Snails and Turbo Shells", 1704년경, IX.Op.8.D.L.74.1

131: "거대한 아틀라스 나방과 야생 말벌Giant Atlas and Wild Wasp", 1700년경, IX.Op.8.D.29.L.1

『꽃과 나비, 그리고 곤충: '애벌레의 기원'에 실린 판화 154점*Flowers, Butterflies and Insects: all 154 Engravings from Erucarum Ortus*』, 도버 퍼블리케이션, © 1991년, 2005년

36, 134, 135: "누에나방Silkmoths"

61: "히아신스 꽃과 불나방Garden Tiger on Hyacinth Flower"

67: "민들레의 독나방Tussock Moth on Dandelion"

알라미닷컴Alamy.com

59, 105, 148(부분도): 파파야Papaya

미국 워싱턴 D.C., 국립여성예술가박물관;
월러스와 윌헬미나 홀러데이 부부가 설립

117: "『수리남의 곤충 발생과 변태에 관한 논문Dissertation in Insect Generations and Metamorphosis in Surinam』 전면삽화 1, 제2판, 1719년." 종이 판화에 손으로 채색. 리 스탈스워스가 사진.

영국 런던, 대영박물관

118: "나방 두 마리의 생애 주기Life Cycles of Two Moths", 1701-1705년, 벨럼에 물감

그 외 다른 사진들

달리 언급된 경우를 제외한 모든 사진
© 조이스 시드먼

2, 4, 5, 12-13, 20, 40, 45, 47, 71, 89, 123: Alamy.com

8, 9, 14, 15, 16, 19, 26-27, 63, 75, 77(부분도), 85, 97, 125(부분도), 134-139(배경 지도): 네덜란드 암스테르담, 레이크스 미술관

18, 135(부분도): 네덜란드 하를럼, 프란스 할스 미술관. 사진 © 톰 하트센

49, 98, 135(부분도): Gettyimages.com

28: 요한 안드레아스 그라프, "야콥 마렐의 딸, 사라Jacob Marrel's daughter Sara", 1658년, 독일 프랑크푸르트, 슈테텔미술관. 사진 © 슈테텔미술관의 ARTOTHEK

32, 34, 35: © 드와이트 쿤

42: 뉴욕, '아트 리소스Art Resource' 사진 보관소

43: 요하네스 고다트 "『Pars Secunda』 권두삽화" (P.14,263)와 "전면삽화 33"(P.14,270), 인그레이빙에 손으로 채색, 미국 미네소타 주 미니애폴리스, 미니애폴리스 미술관, 1996년, 에텔 모리슨 판 데립 기금, 미니니치 컬렉션. 사진 © 미니애폴리스 미술관

70: 독일 뉘른베르크, 국립문서보관실

82: 사진 © 독일 헤센 주, 비스바덴 헤센 주립 박물관

127: 독일연방은행이 제공한 마르크 사진

* 위의 내용은 원서에 실린 자료의 출처를 따른 것이며, 본서에서 별도로 마련한 자료는 해당 이미지에 출처를 추가 명시하였습니다. 또한 해외 저작권사에서 제공이 어려웠던 몇 점의 원화는 국내본에서 모사작업으로 대체하였습니다. (모사본 그림: 정은영)

찾아보기

ㄱ

가위개미 108
갈색집나방 77
『강에서 금을 캐는 원주민들』 14
개구리의 생애 주기 81
「검은부리뻐꾸기」 123
검은테구도마뱀 129
고아 위원회 114
고치 6, 8, 9, 31, 32, 34, 35, 37, 48, 54, 57, 58, 63, 68, 77, 79, 101, 110, 112, 116, 120, 124, 132
『곤충의 자연 변태』 41, 43
곤충학 50, 65
구더기 21, 52, 66, 135

ㄴ

나비의 알 11
「날개 달린 바닷물고기」 15
누에 31, 32, 34, 37, 57, 62
누에기생파리 58
누에나방 32, 35, 37
뉘른베르크성 52
「뉘른베르크의 시장」 45
니콜라스 빗선 87

ㄷ

『다양한 곤충』 19
더크 발켄버그 96
데이비드 애튼버러 130
도로테아 그라프 51, 72, 83, 90, 94, 95, 96, 106, 109, 111, 112, 114
독나방 67
『독일 예술 아카데미』 46
동판화 13, 41

ㄹ

라바디스트 69, 72, 74, 75, 80, 82, 83, 90, 92, 109
라피스 라줄리 24, 39
런던왕립학회 87, 122
리비너스 빈센트 88

ㅁ

마녀 사냥꾼 49
마르타곤백합 46
마크 케이츠비 123
마테우스 메리안 11, 13, 14, 15, 16, 17, 46, 60
마테우스 주니어 메리안 41
매미 107

ㅂ

바촐라프 홀라르 20
바퀴벌레 116, 117
박가시나방 102
발타성 69, 70, 71, 75, 80, 82, 83, 84, 109, 132
벨럼 41, 72, 114, 119
변태 7, 37, 42, 56, 63, 64, 80, 90, 116, 129. 133
부엉이나비 131

분홍발톱타란툴라 103
불나방 61
붉은제독나비 79
뷔랑 13, 41, 42
블루몰포나비 82, 104
뿔매미 103

ㅅ

「사과 껍질을 벗기는 여인」 40
사과나무나방 77
사라 마렐 28
사마귀 103
사슴벌레 77
사탕수수 96, 105
산누에나방 58, 78, 118, 120
『새로운 꽃 그림책』 46, 51
쇄기나방 102
수리남 80, 82, 90, 92, 94, 95, 96, 98, 99, 100, 101, 102, 105, 108, 112, 113, 114, 115, 116, 120, 122, 124, 126, 127, 128, 129, 131, 132
『수리남 곤충의 변태』 117, 118, 120, 123, 124, 126, 127
「수리남의 대농장」 96
시간의 무덤 7, 50, 54

ㅇ

아가씨들의 모임 46
아그네타 블록 86, 87, 105
아라와크 인디언 96
아리스토텔레스 21, 65, 66
아프리카 노예 96, 98, 99
악어머리꽃매미 107, 111
「안경카이만과 가짜산호뱀」 122
안톤 판 레이우엔훅 66
『암보네스족의 호기심 보관함』 124
암스테르담 83, 84, 86, 87, 88, 90, 91, 111, 113, 114, 115, 116
「암스테르담의 풍경」 85
애벌레 부인 52
『애벌레의 경이로운 변화와 꽃의 특별한 영양』 60
야콥 마렐 18, 23, 24, 27, 28, 31, 41, 68
야콥 헨리크 헤롤트 90
야콥 호프나겔 19
얀 슈밤메르담 66
얀 판 데르 헤이덴 85
에칭 41
연구 공책 77, 83, 90, 95, 109, 114
예술가 길드 29, 46
올빼미나비 102
외피 6, 7, 56, 57, 71, 79, 116, 131, 133

요하네스 고다트 41, 42, 43, 50, 59, 60, 65
요하임 폰 산드라르트 46
요한나 그라프 45, 52, 72, 82, 83, 86, 90, 114
요한나 마렐 11, 17, 18
요한 볼프강 폰 괴테 130
요한 안드레아스 그라프 28, 44, 70, 82
유령 나방 111
이세벨나비 102

ㅈ
자연발생설 20, 21, 81
『자연의 체계』 126
작은멋쟁이나비 53, 56, 132, 133
장 드 라바디 75
장인 28, 29, 39
정물화 8, 18
제1령 23
제2령 30
제3령 38
제4령 44
제왕나방 63
존 제임스 오듀본 123

ㅊ
찰스 다윈 88, 108
초상화 28, 43, 127

ㅋ
카스파르 메리안 41, 69, 72, 82
카스파르 코멜린 115
칼 린네 126
코넬리스 판 좀멜스다이크 80, 109
클라라 임호프 69, 85

ㅌ
타란툴라 102, 108
「탁자 가장자리에 놓인 꽃」 18
테오도르 드 브리 14, 15, 16, 98

ㅍ
파인애플 86, 87, 105, 116, 117
파파야 105
팔랑나비 102
펜스케치화 25
프란체스코 레디 66
프랑크푸르트 11, 15, 17, 23, 30, 38, 44, 45, 46, 48, 68, 69
「플로리다에서 악어를 죽이는 인디언들」 16
피테르 데 호흐 40

ㅎ
하늘소 103
하얀 마녀 111
호기심 보관함 87, 88
호랑나비 73

나비를 그리는 소녀

초판 1쇄 발행·2021년 7월 14일

지은이·조이스 시드먼
그린이·마리아 메리안
옮긴이·이계순
펴낸이·김요안
편집·강희진

펴낸곳·북레시피
주소·서울시 마포구 신수로 59-1
전화·02-716-1228
팩스·02-6442-9684
이메일·bookrecipe2015@naver.com | esop98@hanmail.net
홈페이지·www.bookrecipe.co.kr | https://bookrecipe.modoo.at/
등록·2015년 4월 24일(제2015-000141호)
창립·2015년 9월 9일

ISBN 979-11-90489-38-6 43470

종이·화인페이퍼 | 인쇄·삼신문화사 | 후가공·금성LSM | 제본·신안제책

본 도서는 <알라딘 북펀드>를 통해 제작비의 일부가 마련되었습니다.

이 책에 관심을 가지고 후원해주신 271분들 중

이름 노출을 원치 않은 43분 외 228분의 이름을 초판 1쇄에 남기며

감사의 마음을 전합니다.

PAK HYON JONG
강경희
강덕구
강두경
강민주
강선하
강윤미
강은희
고미경
고석현
곽기영
곽영주
곽영현
구미정
구은지
권명옥
권영아
권은미
금성은
기지영
김규리
김기숙
김나영
김난영
김남희
김동순
김리연
김미세
김민경
김민영
김민혜
김산
김선주
김선희
김선희
김성란
김세영
김소연
김수돈
김수연
김여진
김연서
김영지
김영혜
김예원
김윤정
김윤하
김은나
김은영
김재우
김정환
김주미
김지영
김지영
김지은
김지인
김진
김진휘
김진희
김태윤
김현정
김현지
김형옥
김혜린
김혜원
김효군
김희정
김희진
나규인
나순현
나인영
남선우
문건호
문석
문우관
박미진
박서아
박성근
박성희
박소영
박수경
박수혁
박슬기
박시현
박인혜
박재연
박정희
박지애
박혜정
배진희
배현숙
백가민
백설희
백수영
백승화
백안나
백재정
서미림
서민지
서보희

서산동
서양희
서혜란
서희정
석정은
석진
손영희
송낙주
송세현
송지윤
송지현
신애림
신현정
안광일
안우리
안혜림
양승묵
연지인
염정신
오윤희
우주옥
원순식
유미환
유아람
유애순
유연정

유일다
유혜은
유혜종
윤숙희
윤아영
윤채원
은경란
이경아
이나경
이남숙
이동훈
이미경
이미정
이상봉
이소진
이수경
이숙일
이숭겸
이연옥
이영래
이영미
이원영
이유리
이유진
이윤희
이은영

이정미
이정옥
이조은
이지연
이진욱
이진형
이향주
이현주
이호영
이희숙
이희연
이희준
임은지
임은화
임정진
장영미
장옥주
전병선
전은현
전재철
정가람
정경욱
정다은
정미나
정선영
정우민

정윤희
정의택
정정록
정해상
정해상
정헌애
정희은
조경은
조성환
조윤미
조윤숙
조은정
조은주
조정미
조준형
조혜정
주은미
차진희
채현미
최경련
최다솔
최명진
최보영
최수진
최아현
최은경

최은정
최재혁
최정임
최형원
최혜선
하나경
하지영
한강민
한규훈
한동헌
한동훈
한은영
허채빈
홍경희
홍수민
홍혜은
황선향
황성원
황재하
황정희
황주영
황혜경
황혜선
황혜진